Mathematik als Abenteuer

这才是数学

数学

III

[德] 马丁·克莱默◎著　王彩萍◎译

北京日报出版社

图书在版编目（CIP）数据

这才是数学 . Ⅲ／（德）马丁·克莱默著 ；王彩萍译 . -- 北京 ：北京日报出版社，2020.10
  ISBN 978-7-5477-3720-0

  Ⅰ . ①这… Ⅱ . ①马… ②王… Ⅲ . ①数学—普及读物 Ⅳ . ① 01-49

  中国版本图书馆 CIP 数据核字（2020）第 125057 号
  北京版权保护中心外国图书合同登记号 ：01-2020-2443

这才是数学 . Ⅲ

出版发行 ：北京日报出版社
地　　址 ：北京市东城区东单三条 8-16 号东方广场东配楼四层
邮　　编 ：100005
电　　话 ：发行部 ：（010）65255876
　　　　　　　总编室 ：（010）65252135
印　　刷 ：天津创先河普业印刷有限公司
经　　销 ：各地新华书店
版　　次 ：2020 年 10 月第 1 版
　　　　　　　2020 年 10 月第 1 次印刷
开　　本 ：710 毫米 ×1000 毫米　　　1/16
印　　张 ：17
字　　数 ：300 千字
定　　价 ：68.00 元

"我不需要去学习，
我只需要去体验！"

感谢吉姆及他的课堂，
让我学到了如此令人惊叹的内容。

前
言

——

Preface

奇遇就是探索异世界，与其他人相遇，观察新的事物。想要体验奇遇，必须自己掌握一切。一个冒险家，他会研究事物的结构，会像詹姆斯·邦德或蜘蛛侠那样工作，但他是不会背任何公式或者口诀的。

当然，冒险家也会犯错，不过这是好事，只有做错了事情才有冒险的可能！如果所有道路都是平坦的，所有的事物都已经被研究证明，那世界很快就会变得无聊。这样的话，人们只是在踩着前人的足迹，在追赶着前人的步伐。

我最近感受到了电脑游戏的吸引力：很多人每天在计算机前一坐几个小时，在虚拟世界中打打杀杀，从不服输。他们有的可以掌握自己的虚拟世界，有的则不行。但是他们一直在坚持解决问题，直到问题解决为止。如果觉得目前的游戏太容易，他们会玩儿难度更高的。当我看到人们为了解决虚拟世界中的问题而爆发出来的能量时，我意识到，设计这一游戏的程序员是多么优秀。

数学要比生命周期短暂的电脑游戏更加美丽，内涵更加丰富。但是在这种对比下，你可能就要问了：课堂是如何"编程"的？

如果遵循普通的教学法，就是像程序员编程那样"编程"课堂。相比起来，计算机可以比人类更快、更好地完成这件事。

然而，课堂不是编程，教授数学没有完美的方案。在课堂上总会发生各种各样的事情。

课堂可以带来研究的快乐，可以在人类与数学之间建立紧密的联系，也可以说：课堂是在培养冒险家。

本书的基本内容

教师的新角色

本书希望展示这样一种数学课程：它应该是基于对建构主义的理解，并且受到经验教育的影响。本书的教学方式还涉及戏剧教学法、格式塔心理学、神经学教育法、群体动态、对群体的指导、对材料的处理和对角色的理解。这是与以往的课程相比出现的新东西。

彼得·加林写道："数学是一场知识的冒险历程。它不仅体现了教师的行事方法，而且也提出了对教学材料的处理及对学习者采取的新态度的建议。"数学课堂赋予了教师完全不同的角色：从"学校工作人员"转变为"结构提供者"，从"授课者"转变为"学习环境的塑造者"，它让学生自己找到学习的道路，并获得知识。

数学更具人性化

数学不是要你在课堂上掌握分数计算或微积分规则，而是让你学会理解更深层次的事物。人类的幸福来源于掌握更深层次的真理，每个人都向往知识。从这个层面上说，数学是人类深层次的追求。我们要永无止境地追求知识，而数学课属于个性教育，分数和微积分的计算逐渐淡化为边缘内容，因为数学远不止于此。

教师是艺术家

教学是一门艺术。本书的目的是鼓励教学实验，但不强迫教师们采用新的方法。教学思想不是法律条款，而是建造可能性的空间。建构主义的客观态度——保持"正确"，本身就是矛盾的。这些方法没有好坏之分，只是看对某名教师是不是适合。你可以并且应该为你自己和你的学生进行改变，添加、实验或丢弃某些东西。因为你是一位艺术家，应该为你的学生创造学习环境，并开启他们的心灵冒险之旅！

每名教师都能做到这一点，但是没有教师一定会做到。本书是否有用取决于：冒险不只在一本书中发生，而是要发生在教室里，在人与数学的碰撞中产生。

对于书籍使用的提示

教育法的背景

好的方法是可以轻松实现且无须过多解释的方法。了解了事情成功的原因，及其系统性背景和交流背景，就可以从模仿者成长为设计者。在接下来的内容中，我将详细描述方式方法。时间比较紧，只对具体的练习感兴趣的读者，可以在初读时跳过注释。

年龄信息

本书中的案例适用于所有学校。数学并不会因为学校类型的不同而有所改变。例如，我曾将对称性练习在幼儿园、小学和各种中学及教师的进修课程中进行实践。

对于角色的区别

我想用"教师"或"学生"来指定教室中的特定功能或角色。对于我来说，这些角色既不是女性也不是男性，希望读者理解。

马丁·克莱默

目 录

Contents

第三节 三角形和直角

第四节 圆的计算

Chapter 2 空间几何

第五节 豌豆和牙签及其他几何性质的物质

第六节　从空间到面：投影

第七节　体的计算

Chapter **3** 计算大小

第八节　估计和四舍五入

平面几何

第一节　对称性

1.1 从混乱到对称

从教学上看，对称性可以说是数学的开端，它让数字计算和清楚的框架结构密不可分。与数学相关的活动并不仅仅发生在学校，还存在于我们的生活之中。以下练习是人们所体验到的生活中的数学。

没有数字的数学

这个练习适用于初级阶段，如小学五年级。根据强度不同，体验过程需持续 30~60 分钟。在具体的实施过程中你会发现许多细微之处，这些细微之处在进一步的观察研究中又消失不见。同时，在这个过程中，也有许多群体动态和戏剧教学元素在不同的情况下被加以运用。该练习的具体实施对于教育背景并没有明确的需求。

细微的事

教学背景

课堂上的具体实施

混乱最大化

阶段 1: 开始时的混乱

在这一阶段，教室要被最大限度地弄乱。在此过程中每名学生都要挪动一件物品，将教室变得混乱。我们可以想象，我们正处于一个戏剧舞台上，在一幅虚拟的幕布之后，正在悄悄地为下一场剧目进行舞台的重新布置。

"布置过程"有三条规则：

1. 在练习的过程中，任何人都不允许说话，但是允许非语言（无声的）的信息交流。这是因为学生们的注意力和练习的吸引力会因为说出来的话而消失不见。
2. 不允许将物品叠放在一起，以免产生危险，如翻倒。
3. 所有的物品应该与墙壁平行，围成一圈，最好与墙壁之间留足一米的宽度，这样学生可以站在这个一米的宽度内看到圈里面的混乱状况。

挪动完物品的学生走出圈子到墙边，当所有人都完成之后，再进行下一步。

谨慎的措施

注意：倒下的桌子可能会伤到人。所以，如果有学生想要翻倒一张很重的桌子，需安排一到两名同学帮助该学生完成这项任务。当然，这要在教师的管理下操作。

每名学生都应该拍一张虚拟的照片，即将双手的食指和大拇指交叉框出一张照片，以此作为纪念——这就是 21 世纪的课堂！因为，很有可能这间教室在未来的几年内再也不会被布置成这样了。这张照片要最大限度地记录下每名学生改造的痕迹。

阶段 2：整理——以对称性为整理原则

首先，教师发布指令：请在一分钟内将教室尽可能收拾整齐。要求所有物品不能按照原来的座次顺序排列，而且该过程中不允许说话。

确保学生接收到指令后，教师做出开始的手势，所有学生开始行动。

当所有学生全都完成整理再次站成一圈时，你会惊喜地发现，学生们的整理速度很快。桌子、长凳、幕布、灯及各种文具等，都被精准地放在该放的位置。通过限制时间，一切都能很快地被整理好。这就是为什么说，在体验式教育中，时间是最大的敌人。

时间是最大的敌人

接下来，要求学生们先站在圈外进行检查，然后每名学生再次获得一分钟的时间单独进圈去整理。

之后的过程中，"舞台"上只有一名学生整理。大家的焦点始终集中在整理的学生身上。这种一个人做、其他人看的过程就是戏剧的基本思想。

舞台

这样也会在这个空间内产生一种压力。当一名学生整理结束返回外圈后，另一名学生进到圈子里整理、改进。显然，这个过程是无法结束的，整理只有更整齐，没有最整齐。

在这个过程中，学生们不用刻意去学就能自己意识到三个极限概念：

第一，对称性只是一个概念，它在现实中不存在。

第二，他们经历了一个极限过程——不管这个过程有多长，无上限的整齐是永远不可能达到的。

第三，他们体会到了对称轴的特殊地位：每一件"废物"最终都会落到对称轴上。

整理和对称
联系在一起

尽管任务下达得很含糊——尽可能地收拾整齐——但整理过程还是出现了轴对称的现象。这只是一小段时间，如果时间足够，那么轴对称的现象会一直出现。

显而易见，整理与对称是紧密相关的。对称不是陌生的理念，而是最基本的整理原则，对称性在人类生活中无处不在!

整理原则——对称性，会在整理后的某一个时刻产生。如果整理时间不够用，人们可以缩短过程。这就需要设想并预先设定好对称轴，当然如果对称轴可以自发形成就更好了。只有这样，我们才能在数学中深刻感受到人类的存在。无论发生什么，都会逐步接近整齐的秩序。同时极限过程也很重要。精准性是需要时间的，练习持续时间越长，越有价值。

阶段 3：体会对称性

寻找对称伙伴

除了教室可以被布置成轴对称的形式，学生自己也可以进行轴对称分类。

首先，每名学生需要找一名搭档，这名搭档要和自己看上去差不多，穿着大致一样的衣服，头发长度和发色及身体胖瘦要差不多，可以不分性别。

教师可以先找一对搭档来示范表演。其中一名学生站在舞台上，选择一个姿势保持固定不动，相应的，他／她的搭档以镜面成像的原理来做动作。

注意！这里一定要求搭档尽可能精确地做出镜像动作。教师和其他学生要纠正每一个细微之处！在这个阶段精准性是非常重要的，否则其他学生会学到"大致"这一点不好的地方。

同样的，其他组也这样进行分类。如果人数是奇数的原因导致一名学生没有搭档的话，那就交给他一项特殊的任务——纠正其他同学的动作错误。虽然原则上这个时候教师可以参与进来，这样就可以平均分组，但是教师还要扮演其他角色。对称性练习是一个十分个性化的练习，作为一名教师，我更愿意置身其外去观察。

对称性练习是很有个人特色的

双方都准确到位之后，就可以从某一个身体部位慢慢地动起来。例如，动一根手指或是动一下头部。这个练习锻炼准确性。

准确性

这个游戏的目的不是让其中一方胜过另一方，使其处于主导地位，而是要让完全陌生的观察者也看不出来双方中的哪一方是动作的发起者。

一段时间后，"镜像"和"原像"进行角色交换，然后双方做出相同的动作。过快及过猛的动作不会起作用，甚至会起到相反的干扰作用。动作慢一点效果更佳！最好是将动作放慢到原来速度的十分之一。

这个关于对称性的小游戏总是会带给大家快乐，但是人们只有在确切的落实过程中才能体会到它真正的魔力。

在完成这个小游戏之后，教师要求学生们至少退后五米，然后尽可能地跨越一个障碍。例如，他们可以从一张桌子上翻过，或者从桌子的下面爬过去。

画面冻结

教师可以通过不断地拍手来打断游戏。学生们在听到拍手的声音后，定格其动作，保持静止。在戏剧教育中，这种情况被称为"冻结"。我们可以从上面这张令人印象深刻、难以置信的图片中看到这种冻结状态。在第二次听到拍手的声音之后，学生们可以继续行动起来。

当学生们在保持轴对称的同时，尝试交换场地或者握手的时候，一幅奇特的画面就出现了：

最后一步是学生建立彼此之间的联系：其中一边的两名学生摇晃手臂，另一边的一组学生也做相同的动作。从图片上可以看到，甚至有两组学生在跳舞。

最后全班同学冻结在某个画面，又一次保持了对称的特点，然后教师为学生们拍一张这样的照片。最终让学生们以对称的方式恢复到最初的座次。

教育学背景
借助地点编码进行非语言的沟通

"如果有谁挪动了自己的东西，就去墙外面站着。"这句话表明，空间的边界被赋予了一个内容，它作为地点被进行了编码。也就是说，现在学生可以通过他在空间中所处的位置进行非语言的回答："我结束了"或者是："我还需要一点时间"。有意思的是，在沟通中，每个人都能同时与其他人传递消息，而且每个人都能理解其他人的意思。

非语言沟通的应用在这里仅仅是一个例子。在一个沟通系统里，空间中所有口头表达出来的问题（在这里是一个指令）都能被同时回答，而且每个人都能直接理解这些回答。这对于那些与这个活动小组相关的学生，或是说上课的人来说真的是再好不过的事情了。

当一个问题是针对某一名学生提问的，比如："马丁，16 的算术平方根是多少？"很多学生是不愿意单独进行自我展示的。但是当所有人以非语言的形式伸出四根手指来回答的时候，那就是所有人都在被提问，没有人被孤零零地单独提问了。这是对传统课堂的一种颠覆：所有人都被提问，没有人单独暴露出来。你可以看到，非语言交流是一件非常好的事情，在这个例子中它们是以地点定位的方式出现的。其他的相关例子将出现在后面的其他主题中。

团队和团队压力的引导

"当所有人都准备好了以后，再继续。"很明显，这个要求强有力地控制着团队的一举一动。举一个例子：你在思考怎么摆放自己的椅子，其他人都站在圈外沉默地看着你，你会感受到团队给予你的压力，从而加紧手里的动作。这一点很重要，尤其是在活动中有人想要动的时候。其他人都站在同一个空间里看着，这会让所有人感受到团队的压力，从而能够同时完成任务。

有帮助性的团队压力

如果明确地给出了时间限制，如三分钟，那第一个人会在几秒钟之内完成，然后就会无聊等待。而在这个活动中，虽然会感受到团队的压力，但是原则上每个人都能自己决定什么时候可以从圈子里出去。团队压力在这样的课堂上是很有帮助的。

任务中打破常规的角色

要求学生在课堂上制造混乱，这是违背常规的。正常情况下，学校要求学生遵守规则，而这个课堂却正相反，这其中蕴含着一个本质的刺激：做正常情况下不被允许做的事情。

规则

通过角色扮演的方式能够更好地传达规则。每一个游戏都有着清楚的规则，而我们都已经习惯于遵守它。不要用高抬食指的方式去做指示，而是给学生一张图片，这张图片会给出所要求的某种行为，这种方式更加友好，也更加简单。

图片中的规则

在练习中，那一张舞台任务的图片暗含了三个规则：

1. 不能说话，因为观众能听到。
2. 表演者不能有危险。
3. 舞台的边缘必须要距离墙一米远。

当然，你也可以呈现出其他状况，只要适用于这个规则就好。

安静的意义

在舞台布置的过程中保持安静是出于两个原因：

1. 为了降低意外的发生。当人不说话的时候，焦点和注意力就不会放在当时的交流对象身上。

空间中的美学

2. 安静的时候，感知会更加扩大。学生个体会通过语言交流的中断来得到更多的信息。共同的经历及空间内的美学将会被人更加强烈地感觉到。

照片的意义

通过任务，感知变得简单

当然，人们很容易记住混乱的事物。但是，如果将感知和任务联系在一起，记忆则会更加深刻。而任务的确切内容不具有决定性。

第三阶段的寻找搭档

通过"每名学生都需要寻找一个看起来和他大致相像的搭档"这一要求，大家会首先看一下，谁和自己比较相似。而"每名学生寻找一个搭档"则是完全不同的另一个要求。

数学作为教育者

关系提问

如果某名学生最后被剩下，那也并不意味着没有人愿意和他一起组成搭档。这时候数学就作为教育者的角色出现了。当小组成员在进行组队分配的时候，如果没有明确的秩序和组队原则的话，在一定程度上就会在暗中出现关系问题："你想和我一起做练习吗？"在这里可以翻译成："你喜欢我吗？"而每个人在关系层面上的感知是十分敏感的。

在这一点上，人们无法确定事先给出一个秩序原则会不会更好，但这样的秩序原则总是存在的，你可以以教师的身份考虑关系层面这一点。

秩序原则的偶发事件

对称秩序

人们在实践中已经得出一种方法：抽签分组。但是这个方法在团队乱作一团的时候是不能继续下去的。而"对称抽签"的好处就在于，它把一个团队打乱混合，然后寻找共同点制造相遇。人类总是追求共同点：如果我们遇到了一个陌生人，我们首先会谈谈天气，这样我们至少可以有一个小小的共同点作为基础。由于练习中提出的顺序原则，学生们会在身体层面上寻找共同点。"彼此相同的人会更愿意加入彼此之中。"也许这就是为什么对称分配效果非常好的原因。

数学作为教育者的角色

这项练习是需要有同理心的，没有明确的定义原始图像和镜像。相反，每个人的角色会不断发生变化。

在理想情况下，两者之间会产生一个共同的行动。一个人有一个想法，另一个添加一些东西。当产生了比较复杂的想法的时候，只有双方同意，这个想法才能实现。你必须深入了解对方，必须知道：到目前为止，你的搭档能在多大程度上、是否可以执行这个动作或那个动作——你的搭档可以保持多久？比如说单腿平衡。

同时性是非常令人惊叹的

因此，这个练习因人而异。你会遇到来自自己的和搭档的限制。这个同时性的体验是一件非常棒的事情。每个人都可以和自己的搭档同一瞬间从桌子上一起跳下，再和自己的搭档同时落地。

补充：通过折叠得到对称

这是非常简单的折叠练习。很多学生可能从小就知道。而我的经验（在折叠和剪裁上）是和课堂联系在一起的。

在展开经过折叠和剪裁后的纸之前，人们对于结果的忐忑心情让练习变得更加紧张。

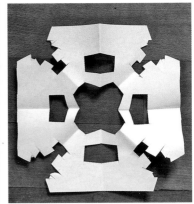

1.2 对称轴越多，事情越容易：从圆圈到问号的动态练习

这个练习指出了对称的意义：对称轴越多，事情会越容易。

课堂上的具体实施

准确性

把桌子和椅子挪到一边，学生们随着教师的手势尽快站成一个圆圈。在这个过程中，任何人不许说话。与所有对称练习一样，准确性在这个练习中十分重要。

完成任务后，所有人将重新组合，重新站成一个正方形。让学生们站成一个正方形有点困难，但是很棒的一点是正方形有四个角。当然，学生们对于谁站在哪一个角上并没有达成共识。不过对于教师来说，同学们无论谁站在角上还是边缘，都必须感知到整个班级的排列，然后根据情况进行自我调整。

教师要很快明确谁想当首领。但是，重点不是谁当首领，而是要尽快解决任务，最好是以集体的形式完成任务。由于不许说话，所有人需要使用手势代替语言。这时候就会有学生放弃非语言行为。一旦有学生破坏规则，教师就要要求该生把双手插在口袋里。

难度随着任务的变化而增加：先站成矩形，然后是大写字母"A"，接下来可以是"P"，依此类推。最后一个任务是摆一个问号。根据小组的合作情况，最多可能需要 10 分钟，有一些班级则只需要 30 秒。

拓展

总而言之，图形越对称，任务就越容易。最简单的形式可以闭着眼睛进行，如圆圈。在此过程中，保持沉默很重要。如果谁确定圆已经完美了，就可以睁开眼睛。

越对称，越简单

1.3 关于对称轴的讨论

圆形的对称轴的数量是无限的。对学生们来说，他们不熟悉日常生活中无限细的直线的概念，理解"无限"这个概念需要时间。在这里，

通过地点编码进行非语言交流

我们提出了一种讨论方法，该方法同时使用了口头交流和非语言交流两种形式，因此可以与全班同学进行讨论。教室的每个角落都用编码的方式进行表述。[1]

课堂上的具体实施

一个圆有多少条对称轴？一名学生认为有三条，另一名学生认为有四条。我让这两名学生各去房间的一个角落。还有一个女孩到我面前说："至少有 20 条，但不超过 100 条。"同他们持有一样的观点的学生去到同一个角落。终于，有三名学生认为圆的对称轴有无限条，他们去了最后一个角落。

现在可以讨论了，讨论的目的是让所有人最终达成一致站到同一个角落。为了保持秩序，教师需要设置一个"发言棒"（比如教学文件夹或者是黑板擦）：虽然允许每个人都可以随时改变立场，但是只允许手持"发言棒"的人有发言的权利。

发言棒主导交谈

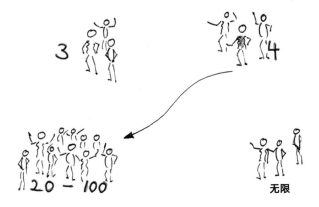

学生们很快发现：一个圆拥有许多条对称轴。但是这个数量到底是有限

① 对于"立场占位"方法的具体介绍可参见：Martin Kramer：Didaktik für Abenteurer（于 2018 年由 Klett Kallmeyer 出版）

　　　　　　　　　　　　　　　　　　　　　　　这才是数学 .III

的还是无限的？

经过讨论后，只有四名学生认为是无限的。其余的学生则说："那么多条对称轴根本就不可能存在于其中。"（圆的对称轴有无数条——编者注。）

教育学背景

从教学的角度来看，这次的讨论非常有成果：学生将自己的思想表达出来，试图说服自己，为辩论而努力，而教师则听到了学生内心的想法。

在团队中做总结

但是在这里，不仅仅是讨论，还需要做出一个结论。我们可以短暂地停下来问一下自己：作为一个整体我们应该如何来做总结得出结论？

在战争时期，双方通过互相攻击，胜利的人就是正确的。但是今天我们生活在民主国家，四个持有真理的人也有可能依然没有机会去表达。这样，学生就会从中了解，多数人代表的观点并不总是正确的。

1.4 两条对称轴——感知美学

把桌椅都挪到一边，用胶带在地板上粘一个大大的"十"字，形成两条对称轴。这样，当要求学生在一条对称轴的两边做相同的动作时，可以四名学生一起做。

第一阶段

两名学生占据一个象限：一个站立，另一个坐或者躺在地板上。另外六名学生分别在坐标系的其他三个象限与他们两个人做出镜像动作。当所有象限的学生都就位并做出镜像动作之后，围观的学生开始对他们的动作进行纠正。在这里可以使用"火车－点－火车"的移动原则：当其中一名围观的学生离开舞台坐下后，下一名学生才能出现在舞台上。

"火车－点－火车"原则

人的注意力的焦点始终是在一个空间中移动的那个地方。你可以从实践中了解到这一点，上课时，门突然被打开，一个人出现在门口并问："我能打扰一下吗？"事实上，这个人已经在打扰了，因为他通过自己的动作吸引了房间中所有人的注意力。如果你站在房间里静止不动，则没有机会将注意力吸引到自己身上。

运动和注意力之间的关系在这个练习中得到了充分的运用：大家的注意力一直都在移动的学生身上。我们当然也可以让两名围观的学生同时纠正一个错误，但是前提是有一个强有力的焦点。

第二阶段

四名学生分别站在四个象限，先固定四名学生的动作，然后对应的学生进行模仿。学生之间应该用大量的时间进行更改。四名学生必须始终行动一致。慢一点更好，越慢越好。当教师发出一个清晰的开始信号之后，大家自然就会变得沉默，似乎是出于对美学的感知让大家注意到了自己的行为。

教育学背景

该练习具有很高的教育价值：每组中的四名学生应该对称移动。不是让他们去模仿别人，而是放下自我，去跟随另一个人的动作。唯有演员们表现一致，才能充分地体现美学的存在。教师还可以用四条对称轴（正方形的对称轴）进一步地扩展练习。那么在扩展练习中就会要求八名学生进行同步动作。

1.5 点对称和轴对称

下面的练习，验证了一个数学定理：两个轴对称的镜像相互垂直时会产生一个点对称。

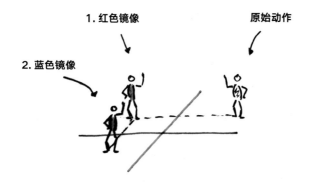

课堂上具体的实施

如同 1.4 中的练习一样，在地面上用胶带标识，为双镜像布置场地。请一名学生自愿上来，在一个象限里摆出一个姿势，如一只手臂弯曲，另一只手臂垂下。红色的镜像由另一名学生扮演，复制这名同学的动作，蓝色的镜像再次复制红色镜像的动作，上一张图片中的情境就这么产生了。

点对称 = 两次轴对称

蓝色镜像的任务就是跟随原像移动。目前有一组训练，其中红色镜像充当辅助位。一分钟后，移除红色镜像，这样蓝色镜像应该在没有帮助的情况下正确地反射原像。如果原像抬起右手，则（二次反射）蓝色镜像必须抬起右手。如果原像用左脚向前移动一步，则蓝色镜像也将左脚向前移动一步：这就是点成像[②]。这也就是两个（垂直的）镜像的顺序成像。

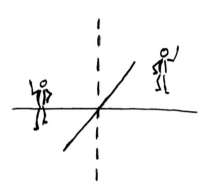

测试：空间查问

为了让每名学生都了解点对称的原理，这里有一个测试：四对学生之间进行点对称站位。围观的学生根据"火车 – 点 – 火车"的移动原则进行纠正（参照 1.4）。

然后所有学生都闭上眼睛，教师可以通过添加一个错误改变某名学生的动作。然后，围观学生观察静止图像并且不能讲话。谁认为自己发现了错误，交叉双臂。如果所有学生都这么做了，就让所有的学生一起指出这个错误。

或者，可以多设置几个错误。在这种情况下，围观学生可以通过触摸错

---

② 严格来说，这里没有点，而是一条无限细的线悬在天花板上。点成像发生于每一个和地面平行的任意面上。随意一点地说，在这个练习中，无数的点成像在相互叠加。

误点消除错误。如果触摸到错误点，静止图像会自行校正其错误。这时，错误点引入了"火车－点－火车"的移动原则，在功能上，它就像一个发言棒。

发言棒

复习：体会点对称

在教师的指示下，全班同学围成一个圈：将对称轴的交点作为中心。每个人都通过眼神交流寻找自己点对称的搭档，应该正对其搭档站立。一开始，每个人都采取中间性的姿势，也就是说，直立并且手臂垂下。然后，非常缓慢地移动胳膊。该练习比相应的镜像练习更加困难。这并不奇怪，因为在日常生活中很少用到点对称，至少在练习"从混乱到对称"（参见 1.1）的练习中，房间是按轴对称布置的，而不是点对称。

日常生活中的点对称

如果学生熟悉镜像，他们可以在教室里移动。与此同时要解决两个问题：

▶ 在轴对称镜像中，对称轴两侧的学生可以交换位置。那么在点对称的时候，对称轴两侧的学生是否可以交换位置？

▶ 在轴对称镜像练习时，不能与搭档握手。那么在点对称的镜像练习时是否可以？

这两个问题都可以用一种游戏的方式得到肯定的回答。

1.6 既是轴对称又是点对称的图形有多少个？

该练习与之前的内容有重复，但是大多数学生并未意识到这些内容是重复的。因此，本节是一个很好的复习课。

课堂上的具体实施

学生需要思考那些既是轴对称又是点对称的图形。大家会很快想到圆形，还有正方形。一般来说，在矩形作为既是轴对称又是点对称图形被证明之前，学生们一定会就这一问题进行讨论。很清楚的一点是，因为一定还存在许多的不同的矩形，所以还存在无数个这样的图形。在经过讨论之后，学生们发现椭圆也是正确答案。

到目前为止，学生们基本上只找到了两个答案：椭圆和矩形。圆形和正方形只是椭圆和矩形两个大类里的特殊情况。那么问题出现了：还有多少个符合条件的不同的图形大类？

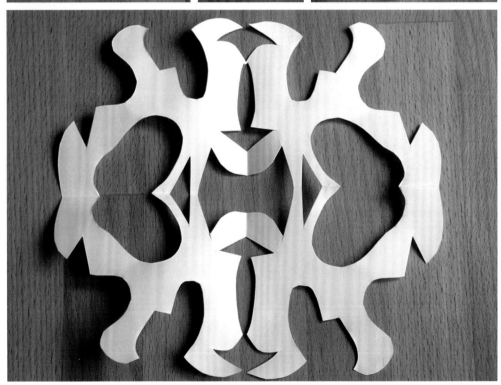

这才是数学.III

解决方案是在实践中得到的：将一张纸，如上图中的照片所示，折叠两次。无论你剪出哪种形状，结果都是一个点对称和轴对称图形。实际上，对称轴是不能被完全剪掉的，否则图形就会散开。

通过实践得到答案

教育学背景：数学作为模式识别

不同的对象（两个不同的矩形）在某种角度上是相同的。从形式上讲，它是关于同构或等价关系的概念，因此，它将结构与内容进行了分离，是纯形式的。简而言之：模式识别就是数学！在这里的练习中，无须明确提及等价关系的本质学生即可学会它。因此，练习是一本书最重要的部分！学生在练习的过程中要与数学中心思想联系在一起，这体现在两个方面：首先，与上一个练习相同先处理整个练习，其次应该将所有的矩形作为等价类（在文本中，"等价类"被简称为"家庭"）。形成等价类的这一想法是在再次计算分数的时候出现的。从某些角度看，数字 1/2 和 3/6 被认为是等价的（请参阅第 2 章）。

但是没有提到等价关系

1.7 在小组工作和文化教育中的对称

对于对称的观察不仅仅限于课堂。第一部分通过对称的排序原则可以看出，对称和人类有着直接的联系。本节将具体讨论对称是如何在小组工作中发挥作用的。

对称与小组工作

学生们可以找一个坐的地方，以便小组成员可以很好地进行工作。四名学生可以进行六组一对一的对话。在此处，箭头代表相应的交流路径。如果学生们以正方形的形式站在一起，那么对话参与者和交流路径都是对称的。有趣的是，如果没有外部条件干预（桌子、椅子）的话，四名

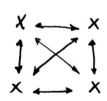

学生几乎一直是以这种正方形结构来进行分布。这种现象在学校操场上经常出现。

四名学生可以在教室里占据不同的位置。

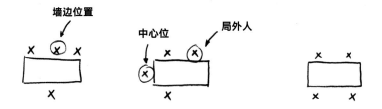

在上图中，"墙"阻碍了交流路径。相对而言，在上图你可以看到所写的一切内容。毫无疑问的是"Mauerplatz"（墙边位置）和"Chefplatz"（老板位）是中心位。

在中间的图片中，显然有一个局外人。关于中心位，每个人可能会有不同的见解，就是图片中标记的局外人和中心位。

右上图中每个人的位置是都对称的。这种情况下没有学生扮演特殊角色。如果有方桌，每名学生可以各坐一边。那么对称性会更好。

在矩形桌子的情况下，由于都在长的一边交流会很困难，这种情况下就会产生两个两人小组，在每个两人小组中，双方都能看到对方。

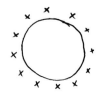

结论：对称性也是团队合作的基础。因此，原始民族喜欢围成一圈坐就毫不奇怪了。而且，在德国的文化中，人们也喜欢"圆桌会议"。毕竟，圆是平等和民主的象征！

对称和文化教育

慢慢地你会感觉到，正常情况下的事物都是对称的。树木和花草，动物和人，似乎所有事物都是对称的。我们的房屋、工具和汽车都是对称制造的，花园设施、剧院或希腊神庙也是对称的。但是，在我们的日常生活中，没有任何事物是完全对称的，如果仔细观察，还能发现错误。

不用把它主题化，所有这些都会与前面设置的练习产生共鸣。有意识地打破对称性，如果一个很强的统治者坐到了"局外人"的位置，这在概念性的座次中是有利的。

镜像神经元：移情、模型学习

如果我的手指被木屑戳伤，那么你可能会有感同身受的痛感。这是因为当你得到我疼痛的信息时，即使你的手指并没有被戳伤，你的某些脑细胞（所谓的镜像神经元）也会被触发。例如，没有这些镜像神经元，我们就无法体会电影中的情感。

模型学习就是以这种方式工作的：一个人做什么，另一个人就跟着做什么。复制是最有效的学习方式！夫妻经常会出现对称的姿势，他们经常使用相似的语言。

模型学习

对称和小孩子

记得有一次我回家的时候，当时我三岁的儿子用水彩画了一个大大的十字，每个象限中都有一个圆圈。我非常激动地说："对称——数学的开端。"在每个幼儿园中都可以观察到类似的情况。

对称——数学的开端

第二节 几何形状与构造

2.1 偏移的矩形：平行四边形

学习四边形为学习三角形和梯形奠定基础

在我的课堂上，平行四边形的面积公式是我和学生们借助一堆数学书经过讨论得到的。

理解平行四边形的面积是理解三角形和梯形面积的关键。因此我们可以多花点时间来证实下述的方法。学生们讨论的方式方法，他们所处的立场及他们提出来的想法，只要没有既定的程序，没有提前被训练过，那么每个班级都会有不同的表现。

教师构造框架，学生负责内容

教师创建框架，学生填充内容。有意思的是，采取不同的方式方法会使每个班级的反应各有特点。如果使用一种方式在一个班级里没有成功，到另一个从来没有以这种方式发起并组织一场讨论的班级，是不会立即让人失望的。与站在黑板前进行教学与组织这样的学习过程完全不同，熟悉这种教学方式的教师，是不需要备课的，这样的课程令学生们精神奕奕，学生们的学习状态会更可持续。这些足够作为下述教学文化的广告了。

课堂上具体的实施：立场占位

我在黑板上用白色粉笔画了两条平行线 g 和 h，再画上两条与之垂直的直线，形成一个矩形。然后我用红色粉笔绘制一个向左偏移的红色平行四边形。相应地，再画一个蓝色向右偏移更厉害的平行四边形。

每名学生都应该从自己的位置进行观察，然后选择自己认为的面积最大的平行四边形。选择好的人交叉双臂，但是不能说出答案。

房间的不同角落代表每个四边形的颜色。如果学生认为矩形面积最大，请去到代表白色四边形的角落。其余两种持蓝色和红色观点的学生去与之相应的角落。如果认为所有平行四边形的面积一样大，则去房间的最后一个角落（没有颜色标记）。然而，很不正常的现象在5c班级中发生了：几乎所有学生都去了没有颜色标记的角落。只有一名学生认为几个平行四边形的面积不一样大。

这种情况很少见。也许很多教师第一反应认为，学生们已经掌握了。但是事实并非如此。班里的学生已经知道，多数人的意见并不总是正确的，也许所有人会被一个人说服。即使所有学生都选择教室的同一角落，最终他们也必须为自己的观点提供依据，因为可能所有学生都是错误的。

多数人的意见不总是对的

人们必须通过论据来说服别人或者被别人的论据说服。这意味着，一定要找到支撑自己观点的依据！这就是数学思维。

然后教室里出现了越来越多的讨论。学生们如此认真地对待这道题目的场景让人印象深刻。在上图中可以看到一组学生站在同一立场上。为了避免混乱，我规定了一个对话原则：只有手里持有发言棒的学生才有发言权。另外，我自己一直都保持置身事外的状态。

95% 的教师觉得这种克制是很难做到的。尤其是，当学生说了什么"错误的内容"，而且这个错误也没有被纠正的时候。

几分钟之后，我说话了："当蓝色平行四边形的面积只比其他的平行四边形面积大 0.00000001 平方毫米，对比较几个四边形面积的大小也足够了。但我画的不可能那么精确，因此，测量无济于事。这个问题必须通过思考来解决。"

这时，数学就成为空间中的一种思想理论，我不得不更精确地制定任务：直线必须是无限细的，但是我画不出那么细的直线。我只能大致概述任务的中心思想。

随着时间的流逝，越来越多的学生来到代表蓝色四边形的角落。而且学生们都有自己的想法和观点，所以我放弃使用发言棒，让学生们自由讨论。任务中间会有一段暂停休息时间，但是学生们仍在继续讨论。

休息过后，我想给大家提供一个解决方案，但是有两名学生认为他们已
经找到了解决方案。

方案①

他们裁了一张纸，确保它是完全的矩形，然后将其贴着黑板，通过合适
的裁剪将这张纸准确地嵌合到蓝色平行四边形里面。很多读者应该都知
道这个理论依据，这是使用了全等的概念。尽管学生们根本不知道这个
概念，但他们找到了可以说服其他所有人的证明方式。

全等概念

方案②

这个方案与平行四边形是偏移的矩形的想法对应：将桌子推到黑板前，
学生们将他们的数学书摞到一起。

这样，每名学生都参与了证明。摞起来的书堆被推到黑板上的白色矩形下方，以便所有书本的书脊表面都与之对应。现在，将书堆推偏移，使其与红色平行四边形相对应。

很显然，书堆的高度和书脊的面积并没有发生变化。

在五年级求边界值的过程

但是，在仔细检查的时候，学生们发现平行四边形里有和书的厚度相对应的"台阶"。为了更准确地进行实验，我们去掉了书的封面和装订，用书芯再次做实验，现在"台阶"变薄了。为了得到一个真正的平行四边形，纸张应该无限薄。我们应该确保纸张厚度为零。这就是第五类求极限值的过程！这个证明只能作为想法存在，最终只能是我们的一个观点。

压缩信息：公式成为简短而又内容丰富的语言

即使每名学生都能理解这件事，但是翻译成非常紧凑和抽象的数学语言依然存在困难。最好的办法就是不断地摸索简明扼要的表达。

学生的表达：所有的四边形具有相同的高度和相同的底边（书脊长度），所有四边形的面积大小均相同。所以只知道矩形的面积怎么计算就足够了：面积为底边乘以高度。

简单一点说：所有平行四边形的高度 h 和底边 g 都相同，面积 A 可以用底边 g 乘以高度 h 来计算。

更简短一点：$A = g \cdot h$。

2.2 数学是一种语言

不懂如何阅读以及理解公式（$A = g \cdot h$）的学生会把它当作一门外语。他们会对此感到陌生并且没有头绪：这里有一个东西让我摸不到头脑，但我应该了解它，因为我的同学都知道它，并且教师希望我能理解它——对某种事物的不理解很容易成为一种痛苦。

公式语言

数学语言更精确而且短小精悍。很多人因此而欣赏这种程序严格的公式语言。这种见解具有教育／教学意义：

首先，在课堂上数学是作为一种语言被描述的。

其次，它的表达精确度是十分精妙的。可以这样说：数学是一种思想理论。它为了表述自己的思想，开发了自己的语言，使结构化和针对性的思考成为可能。或者说某些数学概念使这种思考成为可能。某些数学定义会以某些（思考）方式，开辟新的数学思想。由此可以让学习者认识到概念形成的价值和力量。

学习一门外语

数学是一门语言，这个想法很不错，因此我们希望从教育学的角度来学习这门外语。学习一门新的语言最有效的方法之一就是建立语言库。当初入一个陌生的语言世界的时候，人们不得不通过手脚比画进行交流。但是，语言才是更快、更精确的沟通方式。所以大家会认为，为了更快地融入这个陌生的世界，应该先加强语言能力。

但是在这一点上，我们遇到了一个动机问题，因为词汇无法直接应用，这就缺少了直接的"奖励"，我们不会得到明显的好处。为了测试，我需要努力学习词汇。

情景学习

让我们回到数学上：作为一名学习者，只有真正需要这个概念的时候，这个概念的形成才有意义。例如，在讨论平行四边形的面积时，一名学生说我根本不可能进行精确的绘制，因为粉笔线有点粗。那么，直线的含义可以理解为一个无限延长的、细细的物体。可以这么说，你必须在情况需要时，为了明白其含义去学习数学词汇以及相似的公式语言。只有感觉到这种简明扼要的表达有优势，我们才能从中受益。

结论：可以像教语言一样教数学。数学思维是发现和创建新概念以及这些新概念应用之间的相互作用。新的问题需要新的概念，因此需要创建这么一门复杂的数学语言。

沟通问题

教师的数学语言比学生的语言更为复杂。当教师说话时，通常会使用较大的词汇量以及一些学生们可能通过上下文无法理解的专业概念。你可以看一下以下这段内容：你的数学█████████比学生更复杂。当教师说话时，通常会使用较大的█████████以及一些至少学生通过█████无法理解的专业概念。你可以这样大致想象一下█████████。

学生不认识的专业概念

并非所有的黑色块的意思都是相同的。最重要的是它们不是主要的单词。如果师生之间的关系等级比较正常，学生可以提问，但前提是"如果"关系等级正常！

一般情况下，学生做不到直接提问。许多学生会为此感到羞耻，因为如果学生提问的话就是在承认自己不知道某些东西。你可能不想用一个未知词来测试学生提出问题的意愿，但是之后如果你突然想到某个词其实没人知道，也许会很惊讶，因为从没有人问过！我在大学里碰到过一名讲师，他在课堂开始时在黑板上写下以下句子：

没有愚蠢的问题

我曾经和一位教授聊过，他说的一句话让我印象深刻，时至今日依然记忆犹新："当我去数学图书馆时，我会随机从书架上拿出一本书，然后随便翻开一页，这一页有 98% 的内容可能是我没有听过的。"

没有愚蠢的问题

讲师一开始就在黑板上写下"没有愚蠢的问题"，这就传达了一个信息：允许学生承认自己不知道。这个做法对于建立开放而真诚的交流氛围能起到良好的促进作用。

最后一点：即使气氛开放且师生之间相互信任，学生（或教师）还是会认为他已经理解了（即使他理解错了）。因此，还有许多交流的问题需要深思。

2.3 三角形和梯形

使用纸条就可以得出三角形和梯形的面积公式。

练习本作为工作簿 首先，每名学生都尽可能整齐地沿练习本边缘剪下纸条。

三角形的面积

从得到的纸条中剪出"任意"的平行四边形。当然也可以是正方形、长方形、菱形，随便什么图形，只要通过两次直线切割就能从纸条中剪出
"任意"平行四边形 来的都行，但这些都是特殊情况。对下面的内容来说，"随机外观"的平行四边形会更好。

每名学生都会剪出不同的平行四边形，大家可以就形状讨论一番。所有的底边 g 用绿色标记，条带的宽度（高度 h）用红色标记。将公式 $A=g \cdot h$ 写在平行四边形上。

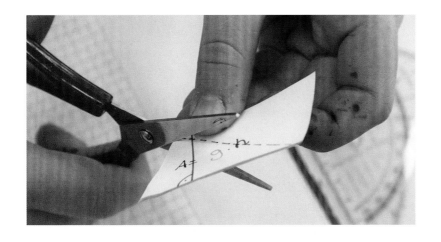

大家可以看到，每个平行四边形都可以拆成两个三角形。如果拆开的两
个三角形完全相同，那么我们就找到了三角形面积公式的依据：一个三
角形是半个平行四边形。更准确地说：每个三角形可以和另一个完全相
同的三角形组成一个平行四边形，所以三角形的面积恰好是对应的平行
四边形面积的一半。

覆盖相同性

我们可以通过叠加法再次检测三角形全等，这样更有说服力。如果每名
学生的三角形都彼此重叠，那么下一个问题就是：如何证明几个三角形
确实完全相同。答案可通过全等定理 SSS（三边相同）验证。学生将以
"自然"的方式方法去应用全等定理。

全等

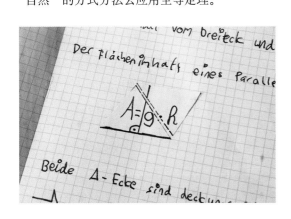

最后，将证明的想法或过程转换为公式语言：$A = 1/2 \cdot g \cdot h$。

梯形的面积

现在，从平行纸带的剩余部分中剪出两个相同的梯形。将条带在中间处进行折叠，从而形成相同厚度的双层纸条，然后将梯形画在上面。

剪梯形时，要注意从远离折痕的一边开始，否则两层纸会滑开使得两个梯形变得不一样。

接下来的任务是找到梯形的公式。为了更好地理解，每名学生都将逆时针在梯形的边上标注 a、b、c、d，作为每一边的名称。高度同样用 h 来表示。

一分钟内禁止学生之间相互交流。有了解决方案的学生可以通过两个梯形的放置位置进行暗示。最终，几乎所有的学生都找到了解决方案。

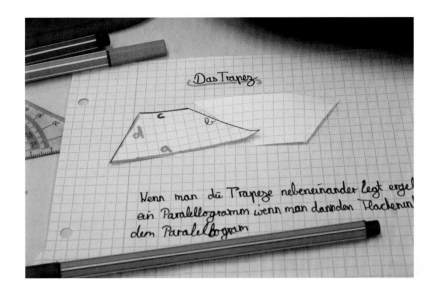

如上图所示，两个梯形放置在一起可以组成一个大的平行四边形。真正的困难是找公式。为了教师的期望值不对学生造成压力，教师首先用公式语言（$u=a+b+c+d$）给出一个大致范围。对于面积，教师可以写下一个有明显错误的提议。任何学生如果有自己的想法，都可以在黑板上写下来。

这样做的最终的目的是让所有学生都将意见统一于一个公式。在 5c 班，学生讨论了半个多小时，作为教师，我在很大程度上退出了课堂，中间有段时间我也进行了干预，但仅仅是从结构方面，而不是内容方面进行干预。

学生们讨论的激情并不令人惊讶，每名学生都知道如何确定梯形的面积。可"仅仅"是知道如何表达。这时就会出现类似于大学中的学习景象。

如果学生的思路走偏了或者中断了，可以将公式的所有字符写在黑板上来帮助他们。

在 5c 班中，我终于带领学生们推导出了公式。那么，接下来就可以进行如下操作：

首先，让学生将黑板上的内容誊写下来，放在书包里。

其次，给学生布置家庭作业——粘一个梯形，将依据和想法用句子写下来。

最后，重建教师给出的推导过程。板书上的内容可以作为帮助。

数学的教育

物质对应

两种图形的面积公式都是从纸带中诞生的，这就是数学。三角形和梯形来自同一条纸带，从平行四边形的面积推导出三角形和梯形的面积，可以看出，该材料（纸带）具有结构化作用。其形式和内容以直接的方式对应起来，这一点俘获了教师们的心。

体验逻辑结构

"每个正方形都是梯形，但不是每个梯形都是正方形。"

梯形有两条平行的边，在物质层面上可以这样描述：人们从纸带上沿两条直线剪下来的一切形状都是梯形。很明显，正方形、矩形、菱形和平行四边形都是梯形的特殊情况。每个正方形是不是都是梯形，在这里也很重要。说明 A∩B，而且 B∩A 不成立，这就是一个很好的例子。

教育学背景

同时性

几周过后，每名学生很可能还会记得，他从练习本上剪下一条纸带，并且由此产生了一些新的东西。由于他本人剪出了三角形和梯形，他重建数学上下文的可能性或许在本质上会比他只在脑子里有一个想法高得多。请注意，物质层面不能代替精神层面。精神层面和物质层面同时作用：大脑在处理精神层面和物质层面的东西时，没什么太大的不同。想法与

精神和物质行动的同时性

行动是相互依存的：物质（行动）创造问题（思考），反之亦然。因此，材料绝不"仅仅"是扮演助手的角色，它可以帮助学习能力稍差的学生理解抽象的内容。

变量

作为礼物的变量

班上的每名学生都会剪出不同的三角形或梯形，其边长可以任意选择并进行变化。因此，从一名学生到另一名学生，三角形或梯形边长是可变的。因为梯形是由不同的纸带剪出来的，所以每个梯形的高度都不同，尽管如此，我们仍然可以说出平行四边形的高度。所以这里引入变量（任意但固定）的含义：它们很灵活，你可以用它同时讨论所有的平行四边形，即使每个人持有的是不同的平行四边形。

引入变量很好，因为变量是必需的。遗憾的是，在学校中通常由另一个方法得到变量：首先用数字计算，最后将变量加在已知的量上。学生普遍认为变量是个大难题，并不简单。在这种情况下，变量更像是"螺旋钉"而不是"礼物"。

小事，很小的事

看不见的方法

知道和能够

我曾经认为认知的心理过程（形式和内容）的物质表现和动作的同时性是一件小事。但是，这是一种知识传递的方式，乍一看似乎不容易被注意到，因为它是不可见的。今天，我知道这些无形的方法其实是最有效的教学工具，另外，知识的传递在很大一部分上是无意识的过程。我们"可以"做的比我们"知道"的要多得多。学生以后不会"知道"他为什么觉得这个过程很容易。他现在"可以"轻易地做到，也不需要进行深思，也不会进行比较（在现实生活中大多数事物总是会被比较好坏）。

2.4 教室之外的建构练习

学生按照教师提前给定的面积画出一个图形。在这个练习中涉及的专业知识可以在后续的过程中进行交流。这个练习只是一个具体的方法示例。

课堂上具体的实施

教师将学生们分成几个小组，给每组一张便签，上面写着一个面积值。目前这个班分成了七个小组，也就有七张便签：A=5 平方米；A=6 平方米；A=7 平方米；A=8 平方米；A=9 平方米；A=10 平方米；A=11 平方米。每个小组都有一个确定的面积值，接下来组员们应该考虑在纸上画出什么图形。最好选择 1 ∶ 100 的比例尺，即草图中的 1 厘米对应实际中的 1 米。比如，拿到 A=9 平方米的小组，可以画边长为 3 厘米的正方形，或者是底边为 4.5 厘米、高为 2 厘米的平行四边形，或者是高为 3 厘米、底边为 6 厘米的三角形。只要学生能算出来面积，任何图形都可以使用。

草图完成后，每个小组都用折尺、粉笔或软线，在校园里以原始尺寸画出草图上的图形，并标上彩色徽标，以便稍晚一点可以辨认图形属于哪个小组。

当每个小组都完成后，他们将通过测量和计算来确定其他小组图形的面积，然后在练习本中以表格的形式记录结果。

最后，每个小组的答案都被誊写在黑板上。并且，每个小组派一名学生把自己小组的图形面积填在教师提前画好的表格中。

然后各小组之间相互比较结果。可能会有因为一名学生犯了错误，其他同学都怀疑这个答案正确性的现象发生。在这种情况下，实地观察会有所帮助：让该小组现场演示他们的方法，其他组学生尝试找到该小组演示过程可能存在的错误。注意，不是由教师来纠正。这不是教师自己决定对错的独裁做法，权力要授予学生。重点不是"正确"或"错误"，而是找到错误及其解决错误的方法，学生可以从解决错误中学习到知识。就像人类历史经常会有错误，因此这很贴合文化教育意义上的缺陷文化。

错误是学习的潜力

有人发明了修正液笔、修正带或其他掩饰错误的工具，但这对教育并没有好处！错误不应该被消除。错误有助于学生加深对知识的理解，错误是学习的潜力。

时间管理在课堂上具体的实施
在指导练习时，教师应该非常清楚：最好在去校园里绘制之前就展示草图。少一点控制

（正确性），多一点对学生的赞赏和沟通。以这样的方式，所有小组都可以在约定时间内完成绘制。下面是一张可能的时间表：

任务设置	5 分钟
找到合适的比例尺：每组绘制一个草图	10 分钟
以原始尺寸在校园里绘制图形	10 分钟
测量计算其他小组的图形	20 分钟
在黑板上写下答案，并比较答案	5 分钟
实地观察，讨论错误	15 分钟

时间安排取决于许多因素。这个时间表在不同班级可能有很大的不同。下面的蓝色字体是学生的工作任务，学生应该明确任务定义并遵守规则。否则时间限制对于学生毫无意义。下面是黑板上可能会写的内容：

草图：截止到 11：20
图形：截止到 11：30

为了节省时间，在任务布置完之后，你要确认一下，是否所有学生都理解了这一任务。一般情况下，会有学生提出疑问。

替代和扩展

▶ 在每个小组确定其他小组的图形面积之前，他们应该先进行估计。允许使用一切方法，但是不能使用折尺。

▶ 有关比例的问题：很明显，小册子中 1 厘米对应实际生活中的 1 米。具体来说：原始的图形面积是使用比例尺画就的草图的多少倍？读者知道答案：10 000 倍。

教育学背景

人们对于该练习的第一印象是计算面积，但其实不止这些。与所有行动指向类的任务一样，这个练习对学生的要求更多。

乍一看，好像并没有直接传授可考察的能力（团队协作能力、解决问题的能力、计划部署能力和沟通交流能力）。

能力导向

课程形式允许个人作业（地板上的两个学生）及小组作业（右侧的女孩和在中间正在讨论中的男孩）。教师可以直接从肢体语言看出哪个学生在做什么。在常规的课堂中这是不可能的，在常规的课堂中，学生们都坐在成排的座位上，做着有趣的表情，而且并不会跟上课堂的节奏。学生在课堂上走神，这并不一定就是不好的。他以这样的方式为自己提供了休息和放松的时间。如果教师认为学生因为学了才做有趣的表情，并仍然在听他讲课，并在精神上跟随他，这才是问题。这样看来，以行动为导向的教学方法的优势在于教师可以直接知道学生的思维进行到了哪一步。

个人作业以及小组作业

接下来列举一些不可见的、不能直接考察的能力：

▶ *尺寸概念*

学生对于面积的尺寸概念有了充分理解。学生只有站在 9 平方米的中心才能体会到 9 平方米的感觉。

▶ *开放式问题*

学生不应该得到一个给定的图形，而是应该自己设计一个图形。如果仅仅指定面积，则学生最后得到的图形的可能性是无限的。

角色转换

▶ *建构方法*

学生首先解构分析任务，然后解决其他问题。在此过程中学生的角色进行了转换：从任务布置者转为任务实施者。

▶ *团队协作能力*

小组常有争论

当有无数选择的时候，坚持一个图形并不是一件容易的事。所以当看到有些小组在争论而不是工作就并不稀奇了。小组工作时经常会发生争论。如果你喜欢在课堂上布置小组任务，那么全程你都能听到争论。这种现象并不是消极的，相反：不同意见的碰撞会产生最具独创性的想法。

小组工作在争论中会显现出它的优势。但是组内的争论经常会引发关系层面的问题，而且通常会造成局面僵持而不是带来成果。这时候，小组已经无法继续工作了，争论也不再是只围绕事情本身了，而是转为围绕关系以及相互之间的猜忌。

争论文化

学会争论文化，而不是尝试消除教室中的争执，也不是去幻想自己身处"美好的世界"之中。在一个好的争论文化中，人们通常互相欣赏。我们不应该抱有不切实际的期待：小组成员能够很轻易地进行合作。

你会发现，团队协作能力这个主题非常复杂，在这个主题下，学生会被要求做很多事情，而不仅仅是为了解决数学问题。

高年级

在较高的年级中也可以进行此类练习，可以添加人数组成大圆圈。从七年级开始，可以添加构造方面的内容，如直角。虽然图形很大，但是量角器很小，很明显这个问题属于垂直的几何构造范畴。

2.5 没有数字的数学

你是否曾经尝试过按照说明书在家里组装橱柜？

以下的思考方式可以称为"没有数字的数学"。通常，学生通过变量和方程式解决问题；他们建立圆心并求解方程。在绘制几何图形之前可以做一个构造计划。

没有数字的数学

第一个练习：折叠纸杯

结合几何构造的方法：让学生制作一个纸杯，随后给出构造计划。理解构造讲解的意思很难，但是其方法也很独特新颖。

保持沉默。

教师带着自己的椅子坐在教室的最后：不允许学生转身。每名学生都会得到一张 A4 纸，在没有同桌的帮助下遵循教师的折叠指示，逐步说明折叠水杯的步骤。

最后，学生在教师给出指示的时候开始折叠杯子。

如果条件允许的话，学生们可以用折叠的纸杯一起为几何干一杯。

沟通理论简评

让我们快速看一下该练习中的沟通途径：教师进行语言指示，学生通过折叠成果给出非语言反馈。所以教师知道他的指令有什么作用，可以适当对指令进行调整。学生本身相当于一个"盲人"。这就好比你从商场购买橱柜并尝试在家里组装。作为教师，你可以模拟这种情况。现在，教师和学生都是"盲人"。然后，你会发现每个人都能感受到橱柜的建造说明有多么困难。接下来的第二个练习就是这样的双盲实验。

语言指示，非语言反馈

还有一点：结果是很有用的。用白色 A4 纸折叠出来的纸杯可以盛放液体几分钟。如果你想办一个香槟酒会而且没有玻璃杯的话，可以让访客折叠一个纸杯。这段记忆将会长久保留，因为你有这世界上最好的酒杯。

第二个练习：直升机的折叠说明

将全班同学分为五到六组。每组指定一个人到教室中间的教师身边去。其余同学转身面对墙壁。这里要求教师和每组派出的同学一起折叠一架直升机。这很简单，只需要少量的纸张，并不需要真正的飞行员。

在该练习过程中，教师只允许和被派往教师身边的学生讲话，其余的同学保持安静。看上面的图片，直升机的结构就很明显易懂了。但是为了安全起见，还是要提前做一个模型，当然这个模型不能提供给学生。折叠时粗线的地方要剪掉，沿虚线的地方翻折。

当所有被派往教师身边的学生自己独立做成一架直升机之后，可以返回小组，然后进行信息传递。该小组成员不能和这位派往教师身边的同学有视线接触：信息只能通过声音传递，交流只能是单方向进行的，这类似于橱柜安装的操作说明。

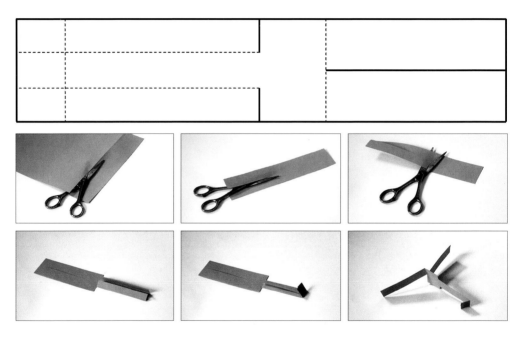

替代

该过程中存在许多变量：在折叠过程中，小组成员是否能按照从教师身边回来的同学发出的指令进行相互交流，是否能看到小组做出来的成品，这都取决于教师。如果仅允许每个信息传递者发出 20 条指令，那么背景

降低噪声

噪声就会大大降低。再要求信息传递者每条指令只能说一次，每条指令传递不能超过五秒钟。这样就可以防止传递者因为使用组合句式而带来复杂指令。

2.6 使用圆规和直尺进行构造

每个小组需要的材料有粉笔和线，也许还有折叠尺和胶带，这些材料足够做一个较大的几何图形了。

规则

首先确定以下的基本构造规则：

1. 以米作为长度是已知的。

2. 可以在一个点周围绘制半径为 r 的圆。如果需要一定长度的半径，则必须提前测量好。　　　基本构造规则

3. 两个不同的圆和两条不同的直线的交点被视为圆和直线之间的交点。

4. 允许删除已知长度，重新决定。

不允许将长度减半。很明显，这个要求对学生来说很有挑战性，如果两点之间的绳索拉得很紧的话，可以将它折半，但是这么做，不符合要求。

现在进行不同的练习。课堂作业是在小组中完成任务，然后用大的折叠尺在校园中进行绘制。家庭作业是用直尺和圆规在不带横格的作业本中完成图形的绘制，同时写出相关的构造计划，这是学生的学习目标。

从中垂线到外接圆

中垂线

学生在校园里画出两点 *A* 和 *B*，并用一条直线连接起来，这样，线段 *AB* 就产生了。接下来的任务是，根据规则 I~IV 构造一条直线，将线段 *AB* 一分为二。或者可以刚好找到线段 *AB* 中点。如果哪一组较早完成，则可以开始构建通过预定点 *P* 的直线 *g* 的垂线。

外接圆

每个小组以不同的颜色绘制一个大圆，同时要注意圆心，但是不要标记。通常现实中地面上的沥青会提供很多线索，如地面上的一小块凹陷，或者一块色斑。当所有小组都绘制完成后，各小组之间交换位置。如果用

这才是数学 .III

颜色标记小组（冒险家的教学法），则每个颜色组可以与自己的互补色组交换位置（如蓝色组去橙色组寻找圆心，红色组去绿色组寻找圆心，黄色组去紫色组寻找圆心）。

如果学生还是没有头绪，那么在圆里画出弦 AB 是个不错的办法。这么一来，问题又回到了两条中垂线的交点上了。想要找出给定的圆的圆心，构建中垂线是个很好的热身练习。

如果小组的操作相对精确，那么对于半径达两米的圆，可以在两三毫米的误差之内找到圆心。这真的令人印象深刻。

变体①

1. 首先，在两个城市 A、B 中间建一个游泳池。（构造中垂线）
2. 然后在三个城市 A、B 和 C 之间建立游泳池，且与三个城市距离相同。（构造外接圆的圆心）
3. 最后一个游泳池位于四个城市 A、B、C 和 D 之间，与四个城市距离完全相同。（我们已经知道三个点可以位于一个圆上，只有在某种情况下所有的四个点才能位于同一圆上）

变体②

一开始不绘制整圆，只绘制圆弧，如圆的三分之二。现在的任务是准确地补全这个圆。

当然，首先要确定圆心。

考古学家发现了一块古罗马时期的盘子碎片，想还原其原始大小。

当然，你可以将它画下来，然后切割圆盘。但要注意的是，如果每个小组中都有一个真正的盘子，一定会有人砸破盘子。所以在课堂上进行操作时一定要保持安静。

可以这样设置任务：每个小组都将获得一个碎片和其他备用碎片。这样每个小组成员都可以有一个更好的着手点去思考。当然，没有得到边缘部分碎片的小组完全没有机会去思考。边缘部分的碎片越大，越容易确定圆心的位置。学生可以自己独立完成这项任务。这个方法除了包含有触觉方面的元素以外，还

情绪化的公平学习

有情绪元素：盘子碎片在分配过程中难免会有不公平的因素，这是很难杜绝的。所以，借助数学可以发现不公平现象。

从角平分线到内切圆

学生应该在给定的三角形内画出最大的圆。这个课堂的进程和外切圆的课堂很相似。构造角平分线是为内切圆做预热。

教育学背景

在这个"最大的圆"的构造过程中，学生自己发现了外切圆的定理，并且没有经过任何定理推导证明。构造是"逐步"进行的，甚至于学生自己都没有意识到——他就已经学会了。

这时，教师可以追问，为什么这个点就是圆心。或者，为什么找到的与给定的三个点 A、B、C 距离相同的点就是圆心。

还有许多其他任务：

▶ 构造两个相距半米的平行线。

▶ 角度加倍。

▶ 构建一个正方形。

……

2.7 三角形的重心

对折三角形的每一条边，交点就是三角形的重心。

折叠就是在构造！当人们想要通过三角形的重心去平衡三角形时，就必须要进行精确地操作。这是一个很好的动机：这项工作需要精确操作，而且没有教师的指导。如果构造不当，三角形就会掉下来。

寻找重心是最复杂的，但我们可以通过折叠得到三角形所有特殊的线，最终得到它。还有一些其他的情况：

▶ 三角形的高线交于三角形内部或者外部，直角三角形的高线交于角上的一点。

▶ 中垂线交于外接圆的圆心。

▶ 角平分线交于内接圆的圆心。

2.8 全等定理和五金店的电话

视觉错觉

黑板上有三个全等图形。每名学生选择一个自己认为的最大的图形。教师可以为学生设定手势规则：一根手指代表左边的图形，两根手指代表中间的图形，三根手指代表右边的图形。在进行最终投票时，学生可以互看对方。观察其他人是怎么选择的，这个过程很有趣。

不管你信不信，这三个图形的形状是完全相同的。全等定理的基本思想是在不进行这种直接比较的前提下对形状的全等性进行证明，是通过镜像、移动或旋转来证明的。

简单的练习

场景：一个男人站在五金店的三角形瓷砖前面，他想把这瓷砖贴在家里，现在他想知道这些瓷砖是否合适。但他不想专门回家检查是否全等，他拿起电话询问。

场景转换：教师切割下来两个使人第一眼看去完全相同的三角形。一个来自五金店（靠墙的角落），另一个来自家里（房间的对角）。

学生可以使用量角器检查这两个三角形是否全等。

此过程显示了全等的基本思想：两个三角形，如果三个边都相同，则这两个三角形是全等的（全等定理 SSS）。新知识：用已知的三边可以确定三角形的所有角和面积。

有趣的练习

家里瓷砖的一个角坏了。现在还可以证明两个三角形最初是全等的吗？或者，可以将两个三角形各去掉一个不同的角。现在，三角形的两边都被损坏，但还有两个角是已知的，这样也可以得出全等定理 ASA（角边角）。

2.9 缩放和平行线分线段成比例定理

缩放或者是图片的放大

在图林根，确切地说，是在约斯特贝格这个地方，很多年前，人们为了反对战争，用身体摆出"不要战争"（NO WAR）的字样。

这些字母被拼得很大，但他们的站位都十分准确！这是怎么操作的呢？小小的字母写出来很容易，可是人们是怎么将它们放大的呢？

课堂上的具体实施

材料

每个小组需要：

▶ 一把折尺，一把卷尺或者折叠尺

▶ 一根大约 10 米长的绳子

▶ 足够的粉笔

▶ 校园里空旷的场地

▶ 一个便携计算器

每个小组在地上用直线画一个 30 厘米 ×30 厘米的图形。

这个图形要围绕小组选定的延展因数 k (3~7)
进行扩大。这个延展因数应该先保密。然后
根据这个延展因数 k 得到一个扩大的等角的
图形。在此过程中不允许使用多余的材料
(如量角器)。

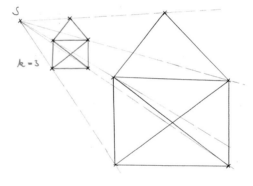

学生们解决这个任务有多种方法。一些小组
将图形分解为几个小三角形，然后计算放大
的边长，并用绳子作为圆规构造放大的三角

形。这个方案是好的，但遗憾的是，它并没有用到平行线分线段成比例
定理。所以图像变"扭曲"，即所有延展图形与原始图形不平行，不符合
要求，所以这个解决方案不予考虑。

当然，教师可以给学生提示。教师给出例子（在黑板上或在沥青地面上），
小组自行设计图形。这已经很难了。

内部差异化：对于速度快的小组的拓展任务

像素点的确定

对于"NO WAR"，将这些词放大到某个地方是不够的。通过延展因数 k 和使用像素确定映射的位置会更好。将原始位置的一个点标记为 A，并且确定像素点 A'。现在必须首先构造延展中心。每个小组可以自己决定是否要挑战拓展任务。

最后，各小组检查彼此的映射图形，以此确定其他组的延展因数 k。

直线对直线

在上述任务中，学生将映射的点用直线连接起来。为什么图片中的直线在映射中不弯曲呢？如果画出来的又是一条直线，那它在原始图形中是平行的、垂直的还是以某种方式歪斜的呢？

实施

学生们沿直线站在一棵树、一盏路灯或旗杆旁，彼此之间不能说话交流。所有学生的头（点）应完全位于一条直线上，该位置标有叉号。现在确定延展因数（如 $k=3$），然后每名学生去到他的像素点。在这个例子中，是在到树的距离的三倍的位置，标记十字，与树成一条直线。注意：几条直线是平行的。当然，这不能算作证明。

标记完成之后，开始寻找第一个公式。找一名志愿者站在延展中心点 Z，记录到原始点 A 的步数长度。然后他从中心点 Z 走到像素点 A'。现在，需要的步数是第一条路线步数的 k 倍。同时，教师用公式语言逐步记录，如下：

$$k = $$

$$k = \frac{}{|\overline{ZA}|}$$

$$k = \frac{|\overline{ZA'}|}{|\overline{ZA}|}$$

现在另一个学生从 A 点到 B 点，然后再从 A' 点到 B' 点，并测量每一次的步数。这样第二公式就出现了：

$$k = \frac{|\overline{ZA'}|}{|\overline{ZA}|} = \frac{|\overline{A'B'}|}{|\overline{AB}|}$$

教学法简评：关系的角色分配

要让不同的学生做这个任务。因为在这个任务中只有比例关系起着决定性的作用，和步数、脚的长度没有关系。

教师可以使用颜色标记，如学生着装的颜色，在示例中，第一名学生穿着红色 T 恤，第二名学生穿着蓝色 T 恤。最终通过这个方法找到了第一公式。

角色划分

除了与学生一起寻找定理公式，教师还可以反过来这么做：绘制完成后，学生知道了平行线分线段成比例定理，教师要求学生将该定理口头陈述出来。

蜡烛成像实验

在黑暗的教室里点亮一根蜡烛。让学生手持物件（量角器、笔盒、笔等）站在蜡烛前面一段距离，大家都可以看到墙上的投影。我们将在这个实验中解释中心投影。作为蜡烛的替代品，也可以使用高透视投影仪。那

黑暗的教室

么，什么是延展中心呢？

原图是什么？投影是什么？

你如何确定延展因数？

当你将三角尺与屏幕保持一定角度时会发生什么？

投影成阴影的有效面积是多少？

第一或第二公式是什么？

第二公式或树的高度

首先，需要确定树木、路灯或学校建筑物的高度。每个小组寻找一个对象。每个小组都会收到：

▶ 尺子、卷尺或标尺
▶ 粉笔
▶ 几米长的线
▶ 计算器

在解决这个问题时，学生自己求证第二公式。如果时间不够，教师可以给出一些建议或者根据其他物体（如路灯）推导出一个共同的解决方案，这个方法叫"移植"。当学生自己寻找解决方案时，会更加节约时间。

第一个答案

伸出手臂握住标尺，以确保可以准确遮挡住树。那么人到树的距离相应地发生了改变。眼睛代表延展中心，树和标尺相互平行。要测量的长度是 $\overline{SM}$ 以及 $\overline{SB}$，还有杆的长度 l（不是标尺刻度长度）。如果 h 是树的高度，则适用以下公式：

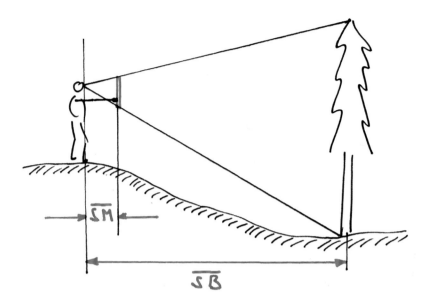

$$\frac{h}{l} = \frac{|\overline{SB}|}{|\overline{SM}|}, h = \frac{|\overline{SB}|}{|\overline{SM}|} \cdot l$$

可以通过示例来讨论这个典型错误的来源：

▶ 标尺未完全与树平行

典型错误的来源

▶ 测量标尺到树的距离 $\overline{MB}$，而不是眼睛到树的距离 $\overline{SB}$

第二个答案

如果阳光明媚，可以在标尺垂直于地面的同时确定其阴影长度，树影的长度也可以很容易确定下来（如果树是在比较平坦的地面上的话）。然后推导出第二公式。

如果标尺歪了，就不能得出第二公式：就如第一个答案中，学生握住标尺，使树完全被遮挡。然后将标尺旋转90°，这时就把确定树的长度的问题转移到了水平线问题上（参见9.9）。这个主意非常好，而且非常数学化。但是，如果学生要学习平行线分线段成比例定理，还是必须要寻找另一种解决方案。

口红图：平行线分线段成比例定理和镜像大小

如果自己的整个身体都可以在镜子中出现，需要多大的镜子？要使整个头部成像，需要多大的便携小镜子？镜像的大小和距离有什么关系？

第一次听到答案时，你很可能会感到惊讶：你只需一面长度为身体长度一半的镜子，不限距离。

下面是适合较小镜子的实验：

闭上一只眼睛，在保持头部姿势不变的同时，在镜子表面绘制自己的头部轮廓。

如果把这个实验作为家庭作业，口红是比较合适的工具，几乎每个人的家里都有口红。

结果：无论从多远处看镜子，口红都可以准确地框住脸部。

注：绿色的是原像，红色的是所成的镜像。

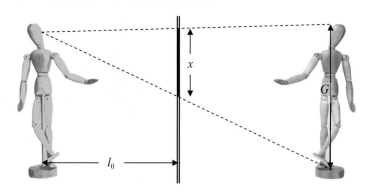

如果人与镜子之间的距离为 l_0，则人与镜像之间的距离为 $2l_0$。高度用 G 表示，所需镜面的长度为 x。根据平行线分线段成比例定理的第二公式可知：

$$\frac{l_0}{2 \cdot l_0} = \frac{x}{G}, \ x = \frac{l_0}{2 \cdot l_0} \cdot G = \frac{1}{2} \cdot G.$$

面积的变化 同样，面积的变化也很有趣。因为镜子在水平和垂直方向上仅是人高度或宽度尺寸的一半，因此它的大小相当于身体区域的四分之一。

2.10 三角形的角度之和或者密铺

两个练习 本课程包括两个练习。首先提出猜想，之后进行证明。

练习一

在该练习中，每个小组尽可能找出最大的三角形，并求其内角和。当然，在此之前他们不知道三角形内角和为 $180°$。所以这些小组会对此表示怀疑。接下来的任务就是证明这一猜想。之后每个小组用两句话展示其结果或当下状态，第二个练习则不需如此。完成的小组，可以考虑一下第二个练习与第一个练习有什么关系。

练习二

如果多边形在没有重叠的情况下被成功地放置在一起，就被称为密铺。用圆进行密铺当然是不可能的，但是用多边形是可以的。现在的问题是，用相同的任意三角形能否实现密铺。基于此问题，给每个小组分一沓相同的三角形。

要制作三角形，大约需要 25 张 A4 纸，一台裁纸机及 3 分钟的时间。学生应该把三角形的角（角度）涂成红色、绿色和蓝色。这样相同大小的角就获得了相同的颜色；也可以先将其平铺，然后上色。

密铺可以通过以下方法实现：两个三角形放在一起组成一个平行四边形。

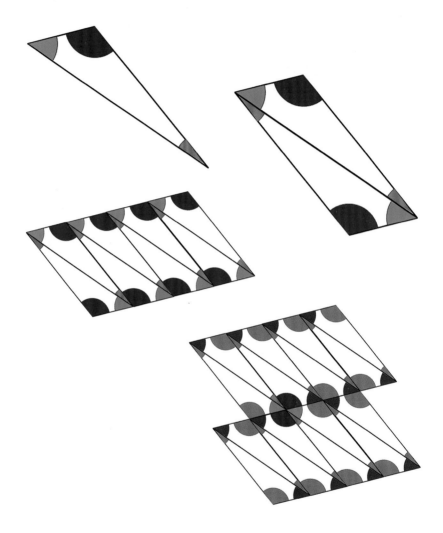

这样的平行四边形原则上可以做无限长的密铺平面。

对于三角形的内角和：如图中，平面内总是有六个三角形聚在一个点上，构成360°。由于每种颜色（每个角度）恰好都出现两次，因此三角形的内角和为180°。

代替练习

也可以不做密铺：每名学生剪一个（大的）三角形。然后把角撕下来挨着放置在一起呈 180°。

这种选择（与上面的建议相反）没办法证明，但这是一个不错的"魔术表演"。

多边形的内角和

接下来可以让学生自己探索多边形的内角和：用不同长度的铅笔围成一个五边形。然后研究是否所有的五边形都有相同的内角和。如果在这个过程中没有学生将多边形拆分成三角形，那这个任务就很难完成了。

速度较快的小组可以尝试找到具有 n 个角的 n 边形的内角和公式，并向全班同学进行讲解。

2.11 火柴和几何

火柴是一种极好的教学材料：便宜又结实，可以用点火头确定方向，因此火柴可以被用作箭头（向量）。火柴盒还可以当作抽屉。将其和橡皮泥

结合在一起，从几何意义上来说，可以得到非常多的收获。

离开几何层面，这些大约 4.3 厘米长的木头非常好用。你最好一次性买足一袋，因为在很多章节都会用到火柴。当然你在分发火柴之前就要向学生明确说明，不可故意点燃火柴，否则要被赶出课堂。以下是几个几何示例。

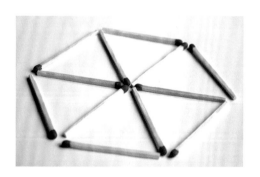

在三角形的基础上构造正六边形

实际操作过的人可能清楚，正六边形是由几个等边三角形构成的。有趣的是，由三角形构造正六边形需要辅助工具（如圆规）。拼贴要比绘画更令人印象深刻。比较以下有关柏拉图式密铺和阿基米德式密铺的内容：可以

用正六边形完全覆盖平坦的表面（蜂窝）。

给八岁的乌里·冈德的三个任务

这是一个不错的脑筋急转弯，它在解决方案
上需要很大的思想飞跃。

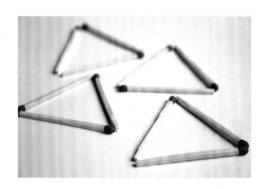

简单任务

应该用 12 根火柴构造四个等边三角形。如
果把 12 根火柴都用上，就只有这一种方案。

中等难度的任务

移除三根火柴，但还要构造四个等边三角形，这时有更多的解决方案。

有趣的任务

再移除三根火柴，还是用剩下的火柴构
造四个等边三角形，有趣的是，就又只
有一种解决方案了。

2.12 柏拉图密铺

相同图形

弗里多林想要在他的客厅（或桌子表面）做一个拼贴。只能使用规则多边形。最简单的就是用正方形进行密铺。但是弗里多林认为这种解决方案很无趣。

如果只用正多边形做密铺，会有多少种可能性呢？一个多边形的每一条边都是另一个多边形的边。这种密铺叫柏拉图式密铺。

课堂上的具体实施

教师要确保每名学生都理解正多边形和柏拉图式密铺的原理。这不是因为角与边相交：

将全班同学分成几个四人小组。每个小组确定一个材料管理者拿着火柴。如果一个小时之后没有火柴可以往地上放了，该管理者要对此负责。

责任分配

任务就是找到所有可能的柏拉图式密铺。当然大家会很快地找到三种密铺方式。

但是这很难证明这三种方式就是所有的可能性。那应怎么证明呢？

理解证明

拼贴版的每一个角都是 360° 的角度和。正多边形的每一个角度数必须是 360° 的一部分。

求边界值的过程

正多边形的边越多，角度就越大。如果提问，角度最大可以是多大？人们通常会回答 179°，一会儿还有人说 179.5°。这是一个很好的关于极限值的例子，低年级学生也可以理解。内角越接近 180°，多边形就越像

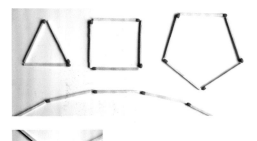

一个圆。左面图片是二十五边形的一部分，可以看出，已经很接近一个圆了。

多边形的内角永远小于180°，这意味着密铺时，一个角至少需要三个多边形。当三个正多边形共同构成一个角时，每个多边形内角为360°的三分之一，即120°，这三个正多边形就是六边形。

当由四个正多边形构成密铺的一角时，每个内角为90°，这四个图形就是正方形。

如果是五个角构成密铺，则每个角的角度为72°。但是没有这样内角的正多边形。如果寻找小于90°角的多边形，一般都是等边三角形，以60°做密铺。内角小于60°的多边形不存在，因为三角形是边最少的多边形。还有一个方法是作图讨论：用六个角构成密铺，多边形为等边三角形。如果是七个（或是更多）角构成密铺，就不可能是等边三角形了，因为三角形的"外边"必须要比两条"半径"短——这违反了规则。（参见下图）

只有三种柏拉图式密铺

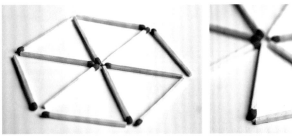

以上内容证明了这句话的正确性：只有三种柏拉图式密铺。

2.13 数学让生活更美好：阿基米德式密铺

必须承认，柏拉图式密铺不是最原始的。当我为客厅选择地板时绝对不会选择柏拉图式密铺。使用不同的多边形进行拼贴，会更有趣。

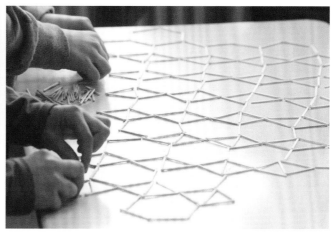

坚持边贴边的规则。多边形的角会以其自己的顺序组合在一起。现在还有八种可能性，这就是所谓的阿基米德式密铺。

八种阿基米德式密铺

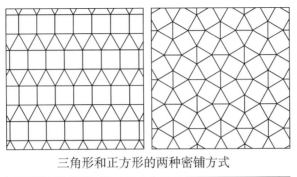

三角形和正方形的两种密铺方式

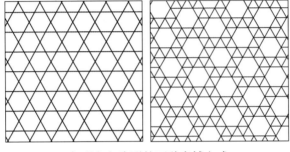

三角形和六边形的两种密铺方式

正方形和
八边形密铺

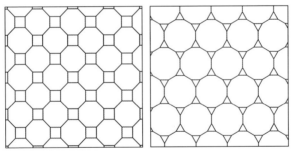

三角形和十
二边形密铺

三角形、正方形
和六边形密铺

正方形、六边形
和十二边形密铺

课堂上的具体实施

该练习的任务是尽可能多地找到解决方案。如果已知内角总和，解答起来会更容易一些。n 边形的内角总和等于 $(n - 2) \cdot 180°$。但这个前提不是必需的。

教师先展示一个可能的解决方案，这样就可以明确任务。其他的任务其实已经在教室里的某一个地方了（如告示板后面）。学生可以复印之前给出的一本书的一页。但是答案不能被带到座位上。大多数情况下，对于学生来说，答案只是用于查阅核对。目的就是希望学生自己得出答案。

位置固定的答案

帮助：

可以让学生了解阿基米德式密铺的组成方式，有：

▶ 三角形和正方形的两种密铺方式。
▶ 三角形和六边形的两种密铺方式。

▶ 正方形和八边形的一种密铺方式。

▶ 三角形和十二边形的一种密铺方式。

▶ 三角形、正方形和六边形的一种密铺方式。

▶ 正方形、六边形和十二边形的一种密铺方式。

教学法的评论：教育学背景

美学维度

这个练习揭示了数学的美学维度。 谁不在乎自己是怎么生活的呢？ 谁不想要一个美丽大方的客厅？ 显然阿基米德式密铺可以起到美学作用。

这个练习在抽象意义上真正的价值不仅仅是处理和熟悉不同的形式：学生们不能精确地定义火柴。当他们没有明确将一个思想事物几何化时，

角度条件

往往很晚才能注意到它。但是当人们想要正确操作，并且要遵守数学思想时，就会思考：刚刚的这种情况是否可行？

在下图中，火柴的摆放位置，决定了角度条件。密铺时某一点上所有角度之和必须是 360°。

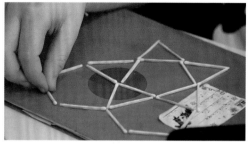

$360° - 2 \times 90° - 2 \times 60° = 60°$ $2 \times 108° + 2 \times 60° = 336° \neq 360°$

左边的例子中，火柴摆放合适，但右边的例子恰好相反，因为两个五边形的内角（108°）和两个三角形的内角（60°）不能构成360°。

简而言之：人们用数学思想使得事物变得更加"美丽"。数学能够帮助美学的实现。但是当要求孩子们画出或者是精准地摆放出多边形时，动机就完全是另外一回事了。这不是教师的责任，而是问题本身。毕竟，每个人都希望自己能做到最完美。

准确性的美好

2.14 想象力的极限：两个环和莫比乌斯带

教师给学生们出两个谜题，两个谜题都很难。在练习的前半部分，设置一个论题并且让学生对自己的想象力进行语言化表达。思考的时间越长，事情就会越有趣，答案也就越令人惊讶。

两个环

沿着中间地带将纸环剪开，将其分成相同宽度的两个环。如果把这两个环彼此粘在一起，然后再沿中间地带剪开，会出现什么现象呢？会把它分成更多的部分吗？会很奇怪地出现弧形的纸带吗？

课堂上具体的实施

每名学生都从一张纸上剪下两条平行的纸带，做成两个纸环，像上图一样将两个纸环从中间粘在一起。

如果有谁已经考虑好剪开之后可能会出现什么，就双臂交叉做出示意。然后教师可以收集学生的建议：

"它会被分成两个半圆。"

提出这个建议的学生去到房间的一个角落。谁同意他的观点，谁就跟着他一起去。相应的，其他角落代表其他的观点：

"会出现两条纸带，一条是另一条的三倍。"

"会出现一个弯曲的圆。"

……

现在将根据立场进行讨论（请参阅本书 1.3 节）。其目的是让所有人最终站在同一个角落里。在此过程中，只允许那些手持发言棒（如胶棒）的学生说话。每名学生都可以随时改变自己的立场，但一定要保持沉默。

立场占位

在讨论过程中，有时会出现新的观点。例如，在我的班级里，20分钟之后，出现了"正方形"的观点。

讨论时间越长，对学生们产生的压力就越大。当所有学生都统一意见站在了同一个角落时（或者快要下课了），就可以进行切割了。你可以解开这个谜题吗？

莫比乌斯带

第二个练习只用到了一个纸环。但是在黏合之前将纸带扭转180°，这就产生了莫比乌斯带。

一个面的引导

如果沿纸带的中间剪开，会发生什么呢？会出现两个部分吗？两个部分会连在一起吗？可以试着用一支笔沿着中间地带在莫比乌斯带上画一圈，你就会感受到莫比乌斯带的本质特征：不存在内部和外部。

我还从未见过没有背景知识的铺垫，就能找到结果的人。这是打开想象力的唯一转折！

第一步

莫比乌斯带是不会分开的，它会扭转 360°。

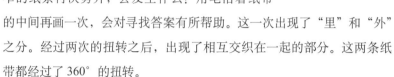

第二步

接下来还可以再进行提问，当把剪开之后得到的窄
窄的纸条再次剪开，会发生什么？用笔沿着纸带
的中间再画一次，会对寻找答案有所帮助。这一次出现了"里"和"外"
之分。经过两次的扭转之后，出现了相互交织在一起的部分。这两条纸
带都经过了 360° 的扭转。

剩下的步骤

进一步的切割不会导致任何新的变化，因为这两条纸带是第一次切割的
结果（360° 扭转）。所以，可以在这里结束掉这个练习，这是一个典型
的数学结论（归纳的）。问题就出在已知的情况下（这里指的是第一步）。

第三节　三角形和直角

3.1 泰勒斯定理

室外课堂

在空地上就能很好地体会到泰勒斯定理：首先每个小组在空地上绘制一个带有直径的大圆：标注 A 点和 B 点。

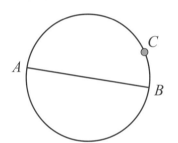

小组中的每名学生都在圆上找一点，可以他名字的首字母命名这个点。将这个点和 A 点、B 点连接起来，这样就产生了一个三角形。那么谁的点与 A、B 连成的角最大呢？

这时学生们开始猜测，每一个点与 A 点、B 点构成的角都是直角。

如果圆的半径为5米，可以让学生自己感受，让他们站在圆上，一只脚朝向 A，一只脚朝向 B。

当脚后跟挨在一起时，每名学生都会做出一个直角的形状。你可以顺时针将每名学生成的角检查一遍。

教师可以根据课堂剩余时间来决定学生讨论和教师解说的时间。

这是一个证明的草案：

MC 起着决定性的作用，它将三角形 ABC 分成了两个等腰三角形。A 处的角称为 "α"，B 处的角称为 "β"，C 处的角为 "$\alpha + \beta$"。三角形中的角度之和证实了这一猜测：

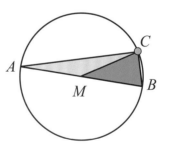

泰勒斯定理的证明草案

$\alpha + \beta + (\alpha + \beta) = 180°$

$\alpha + \beta = 90°$

如果课堂是在校园里进行的，教师可以布置家庭作业，让学生重新证明。这是建构主义的方法，其出发点在于，让每名学生都可以构建自己的（数学）世界。

建构主义的方法

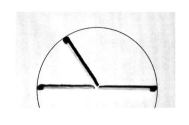

在接下来的一个小时里，需要被证明的思想再次在任务中出现：三根火柴的火柴头连起来是一个直角三角形。其解答方案可以从第 085 页的图中窥知一二。解法之一是将其分解成等腰三角形。火柴头标记着三角形的角。C 点处的角是直角。

3.2 泰勒斯逆定理

可以在学校操场上做这个练习。首先需要确认两点，两点之间相距 10 米。两个点可以用两个书包、树、路灯、交通标志，甚至房屋的边缘定位。但不要忘记圆心的位置。

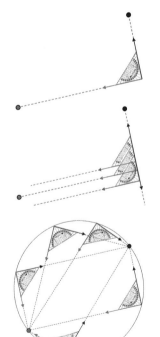

具体实施

放置三角板，使其两条短边精确地对准两个书包，这绝非易事。如左图，红点和蓝点分别是两个书包。

如果学生们对任务没有什么问题的话，就可以带着自己的三角板去操场了。现在还不清楚接下来会出现多少种放置三角板的可能性。

第一次实验时，学生们往往很难意识到结构的问题，更不用说这个 90°的角是在圆上。可以通过测算和推移来达到精确性：当三角板的一边指向了期望中的方向（这里是指蓝色包），就可以将这一边沿着这个方向进行推移。（如左图）

教师不需要向学生展示"测算－推移技巧"，他们能自己找到解决方法是最好不过的。当所有的三角板被以这种方式放好之后，不出意外的话三角板的直角点都在圆上。然后用一根绳子和粉笔确定圆心的位置，之后绘制圆。每名学生都可以检查一下，自己是否做得很精确。

拓展：圆周角定理

如果不把三角板的直角点放在圆上，而是将三角板的45°锐角放上去，那么还会出现一个圆吗？或者会出现其他形状？

在实验前，每名学生都应该认真考虑自己的答案。当学生们提前考虑过某事之后，对结果就往往只会惊讶。有谁知道了答案，就交叉双臂。当所有学生都知道了答案之后，放下三角板。只要在操场上或者家里的墙边做过实验，就可以得到以下两张图片的某一张。（如下图）

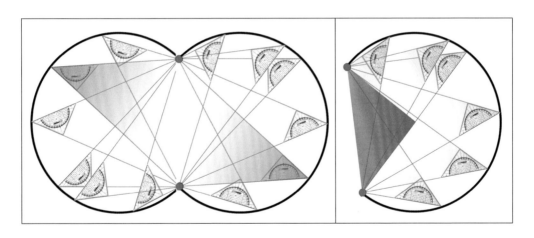

给定的点和圆心一起构成圆心角（90°，红色突出显示），并且是圆周角（45°）的两倍：圆弧上所有的圆周角都是圆心角的一半。可以像泰勒斯定理的证明过程一样，将其分成两个等腰三角形，具体的实验操作留给读者。

评论

与其先画一个圆，在上面找一个点（参照 3.1），不如把这个练习的顺序倒过来。通过预先给定的角来画一个圆。练习的最后一部分表明，半圆弧上所有的角都是直角，倒过来就是：当三角形 *ABC* 为直角三角形时，直角点位于以斜边为直径的圆上。

泰勒斯定理的逆定理可以推理为：矩形的两条对角线长度相同且互相平分，对角线的一半是圆的半径。其具体的证明交给读者自己完成。

3.3 毕达哥拉斯定理（勾股定理）

第一个证明：相似性和射线定理

人们可以将一个正方形拆分为成对的不同的正方形。这不是一件容易的事（图片中有 11 对正方形，该邮票是为了纪念 1998 年柏林国际数学家大会发行的——编者注）。

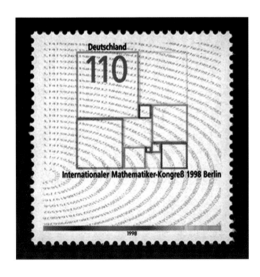

关于毕达哥拉斯定理的证明，是将 A4 纸分解为成对的不同但相似的三角形。

课堂上的具体实施

将一张 A4 纸分解为三个大小不同但相似的三角形。

为了显示其相似性，要对三角形角的大小进行比较，这就需要重新拼成最开始的矩形，进行视觉上的检查。拼图板是由三部分组成的，这远比看上去的复杂。

 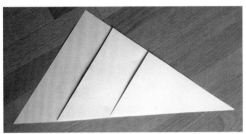

接下来为每一条边命名，首先以字母 a、b、c 命名大三角形的三条边。可以将两个小三角形拼在一起构成一个大三角形，同时用字母 h 表示高。c 边已经不存在了，它被分成 q 部分和 p 部分，并相应地为其命名。

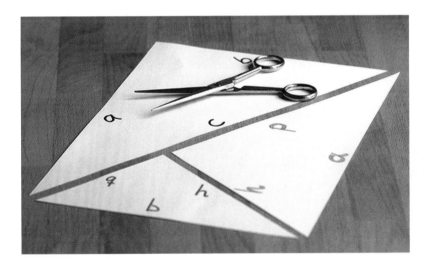

相似三角形的边长关系对于证明十分重要，反转两个小三角形（全等图形），边长名称也随之转移到另一边，这样学生们可以借助平行线分线段成比例定理更轻松地对相应的边进行比较。不同部分的名称用不同的颜色标记。

毕达哥拉斯定理是借由平行线分线段成比例定理得出的两边平方之和。

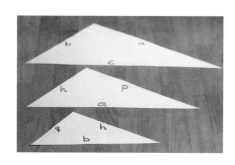

$$\frac{a}{c} = \frac{p}{a} \Leftrightarrow a^2 = p \cdot c$$

$$\frac{b}{c} = \frac{q}{b} \Leftrightarrow b^2 = q \cdot c$$

相加的总和为：

$$a^2 + b^2 = p \cdot c + q \cdot c = (p + q) \cdot c = c^2$$

高可以通过两个小三角形的相似性直接求出来。

$$\frac{h}{p} = \frac{q}{h} \Leftrightarrow h^2 = q \cdot p$$

第二个证明：二项式定理

在下面的练习中，只体现了毕达哥拉斯定理，并没有求出高。这个证明需要面积的对比，因此还需要一些数学以外的东西：这个过程十分生动形象而且很直观，这和上面的推导过程完全相反。在上面的推导中，毕达哥拉斯定理一直"隐藏"在平行线分线段成比例定理中。

课堂上具体的实施

将勾股定理告诉学生，那么，任务就是勾股定理的推导。

从一张正方形纸上剪出两条相同宽度的纸带，可以得到两个正方形和两个矩形。矩形可以被分解成两个全等的三角形，如下图所示。

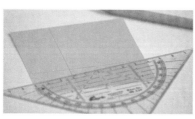

将分解的图形在第二个正方形（蓝色的、完整的）上进行拼图。然后移除两个小正方形。

怎么用这些图形证明勾股定理呢？

解答

小正方形的边长为 a，大正方形边长为 b。显然蓝色部分的面积是小正方形面积 a^2 和大正方形面积 b^2 的总和：$a^2 + b^2$。

将三角形按下图拼在蓝色完整的正方形上，中间空着的地方也是一个正方形，且边长为 c。所得到的图形的面积与四个三角形的面积相关：

$$c^2 = (a + b)^2 - 4 \times 1/2\, ab = a^2 + 2ab + b^2 - 2ab = a^2 + b^2$$

这样勾股定理就被证明出来了。学生可以把该过程粘贴到练习本上。

3.4 勾股定理任务：小湖的地球曲率

我们都知道地球是一个球体，因此湖面应该不是平坦的，而是弯曲的。这对一个小湖有多大影响？通过这个练习，你会感觉到世界好小。

课堂上具体的实施

我们站在学校前面的安拉根湖的湖边上，想象自己与一只蚂蚁一样大。假如没有浪潮的话，我们能看到湖对面的同学吗？

此刻没有人会想到地球曲率，所以我拿出一个苹果，切下一块当作"安拉根湖"，指出我们在这个模型中的位置。

由于地球曲率的存在，所以水面是凸起的。地球的半径约为 6370 千米。每个人都应该估计一下，水凸面有多高。其高度是一个原子的直径呢，还是一根头发截面的直径呢？你怎么认为？这个高度需要堆积多少个原子呢？还是说这个高度就是书页的厚度，亦或是一只蚂蚁的身高呢？

首先估计答案

当每名学生得出自己的答案之后，以小组的方式解决任务。如果身边没有水，你可以描述一个虚拟的湖，大小和学校差不多，可以与足球场和学校里的小路进行比较。除了对"湖"的描述以及地球半径，没有别的信息了。

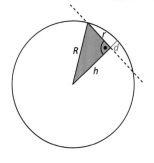

可能出现的解决方案

蚂蚁般大小的学生在周长为 250 米的湖边是无法看到（也可以用望远镜）对面的同学的，它被 1.23 毫米的水面凸起挡住了。

地球半径 R =6370 千米，安拉根湖长 l = 250 米，r 是湖周长的

一半，也就是说 $r = 125$ 米。以下的勾股定理可以适用于图中蓝色标记的
三角形。

$$h^2 + r^2 = R^2$$
$$h = \pm \sqrt{R^2 - r^2}$$

凸起的水面厚度为：$d = R - h \approx 1.23$ 毫米。

补充：关于地球是球形的提示

当轮船航行时，好像它会走得很远，至少对于那些海岸边站着的观察者
来说是这样的。 其实观察者和船之间有一个凸起的水面，用一张纸（作
为地球表面）和一艘船，你可以清楚地感受到这种效果。

3.5 三角学

如果想要真正理解三角学的含义，就必须得制作六分仪。当然，行动的
体验是具有可持续性的，但是其真正的优势在于，这样制定的任务比打
印出来的教科书上的任务更为具体和个性化。

注意安全

制作六分仪
使用三角尺、细绳、胶带和砝码（还有一些如橡皮泥、回形针、小棍子

或者其他类似的物品）制作一个简单的六分仪，其准确度约为 0.5°。请注意并重视由于不正确的操作而出现的对学生眼睛的伤害，且操作过程中一定要注意安全。在测量中可能会由于不小心的碰撞导致视力损伤。对此本书作者和出版者不承担任何责任。

大六分仪

三角板越大越好。如果你向同学借或者借给同学三角板，需要一个或两个同学帮忙搬运。

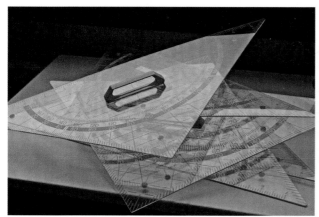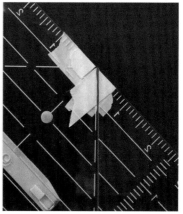

把细绳固定到三角板的一边，这样它可以自由地摆动，如上图所示。这里会出现最常见的错误：没有把细绳固定到三角板边上。

在用六分仪测量（定向）角度时要十分小心，为了保护眼睛，请用一只手直接托着边缘。

小六分仪

或者可以用学生自己的三角板制作六分仪。这样做的好处在于学生可以用自己的物品进行操作。

自己的物品

用更加细的丝线取代细绳，用橡皮泥搓成的小球替代砝码，如果想要完成得更精确，可用胶带固定一根小管子，不需要通过边缘定位，可以通过小管子进行观看。

第一个练习：教室的高或者树的高度

学生们应该通过六分仪确定树的高度。教师可以根据班级的实力决定是否给出一点提示和小建议。但是为了不给学生造成太大的压力，教师应先在黑板上讲解所有的内容。

人到树的距离为 l，视角为 α，视线高度（约为 1.7 米）可以通过直接测量得到，如下图所示。

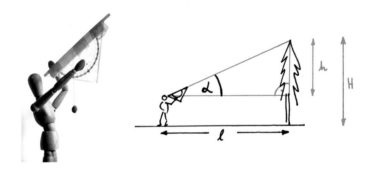

$H = h + 1.7$。

你可以在下雨天测量教室的高度。但是，以下的任务更加有趣。

第二个练习：确定一座山的高度

在上面的任务中，学生可以直接测量出自己到树或到教室墙之间的距离。但是对于一座山来说，如果采用直接测量的方法，必须从山顶上先垂直下去，还要水平挖隧道。

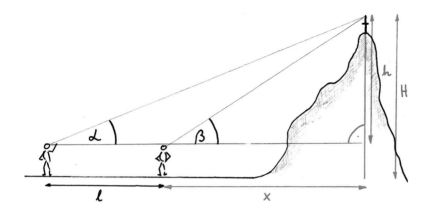

教师可以根据学生成绩决定是使用完全公开方法还是给出一些建议。大多数情况下，你要在班级里讲述解决方法。从下面的论述可以得知，学生需要先知道正弦定理。

可能出现的学生的答案

学生的解决方案

测量角度 α 和 β 以及行进距离 l，视线高度为 1.7 米。

计算公式如下：

$$\tan \alpha = \frac{h}{l + x} \qquad (l + x) \cdot \tan \alpha = h$$

$$\tan \beta = \frac{h}{x} \qquad x \cdot \tan \beta = h$$

同理：

$$h = h$$

$$(l + x) \cdot \tan \alpha = x \cdot \tan \beta$$

$$l \cdot \tan \alpha + x \cdot \tan \alpha = x \cdot \tan \beta$$

$$l \cdot \tan \alpha = x \cdot \tan \beta - x \cdot \tan \alpha$$

$$l \cdot \tan \alpha = x \cdot (\tan \beta - \tan \alpha)$$

$$\frac{l \cdot \tan \alpha}{\tan \beta - \tan \alpha} = x$$

借助 x 可以由第一个和第二个等式求出 h。最后带入视线高度，求出：

$$H = h + 1.7$$

如果附近没有山，可以测量教堂塔的高度或者一幢房子的高度。雨天的时候，学生可以不离开教室就能确定物体（如树）的高度。

这两种情况下，都要避免直接测量。

小组的划分是很有意义的。学生们可以将计算过程写在道路上，然后去实践。（如左图）

第一个练习的教育学原理

每个小组将测量不同的距离和角度，最终确定高度。学生们完成任务以后，不要去讨论具体的值，因为必须得考虑变量。在实践中，你总是会听到有的学生这样说：把你在那里得到的东西用在这里，同时画一个小方框。在黑板上有两个这样的方框，一旦命名，它们就有了自己的意义，变量也就随之产生了。交流需要变量，对于交流来说，变量是最自然的方式方法，没有它，就无法向所有的小组讲述方法。这难道不神奇吗？变量让交流具备了实现的可能性。每个小组都有一个具体的例子，但是尽管这样，任务是一般性的，也是结构性的。我们的大脑可以借助具体的例子最终过滤出一般性的原则。这个练习是一个调动大脑的学习过程。

变量让交流具备实现的可能性

调动大脑的学习

团体动力（心理）也属于变量：他们存在和他人交换意见的需求。在心理层面上，变量的含义可以理解为：寻找相似之处（参见 4.3 中的两个练习）。

第二个练习的教育学原理

开放性问题使内部差异化学习变得有可能。教师可以进一步设置问题：

此次测量的准确性如何？

应该如何粗略选择测量值以便获得良好的结果？

开放性问题和内部差异化学习

如果行进路线不水平怎么办？

第四节　圆的计算

4.1 圆周率 π

该练习涉及三件事：

第一，了解所有圆的周长与直径之比是否相同（否则圆周率就没有意义）。

第二，确定 π 的近似值。

第三，进行误差分析。

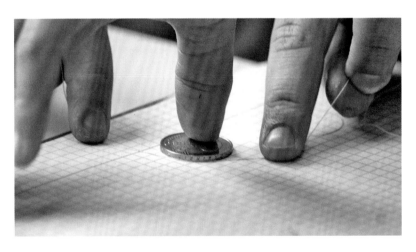

第一步：理解所有圆的周长与直径之比都相同

教师在黑板上画一个圆，告诉大家此圆的周长和直径。

周长 u 和直径 d 之比和圆的大小有关系吗？或者说分数 u/d 和直径有关系吗？有谁已经做好决定，就交叉双臂发出信号。

当所有学生都交叉双臂之后，让他们发表自己的观点：认为所有圆的周长与直径之比都相同的，向上竖大拇指；持相反意见的，向下竖大拇指。

学生们是不会知道，分数 u/d 与圆的大小没有关系。在我教学的 6c 班中，所有人都大拇指向下。

对于低年级学生的解释

我们来观察一个边长为 1 厘米的正方形来替代观察图。这样的话，事情就简单多了。正方形周长为 $u=4$ 厘米，所谓的"直径"$d=1$ 厘米。两者的比为： $$u/d=4/1=4$$	
当我们将"直径"加倍到 2 厘米，周长也加倍了。两者之比显然并没有变化。 $$u/d=8/2=4 \times 2/1 \times 2=4$$ 因为两个长度扩大的倍数相同，所以两者的比没有变。长度变化的因数可以分离出来	
当边长加倍的时候，周长和对角线的比不变。显然这里存在比例关系 u/d，即使我们不知道。 这个情况和圆很相似，只是在这种情况中，我们只知道周长，不知道"直径"	

对于中年级学生的解释

如果学生还记得中心投影的话，那他们就一定清楚，比例关系和延展因数无关。也就是说，两者的比与圆的大小无关。

第二步：确定比例

学生应该借助绳子尽可能准确地得出周长 u 和直径 d 的比。作为研究的奖励，每个小组每做对一步就可以得到一小袋小熊糖。低年级的学生还不知道要求证的两者的比就是 π。中年级学生禁止使用带有 π 键的便携计算器。

材料

桌子上有绳子、细线、计算器和直尺，它们必须由小组中的一人（材料管理员）保管。各小组应在 20 分钟内至少测量教学楼中的三个不同物体的周长与直径，并在练习本中记录：

对象物体	垃圾桶	胶棒	粉笔	柱子	……
周长 u					……
直径 d					……
比 u/d					……

每个小组将比的数值写在黑板上。这个数值可以是他们各自结果相加得出的平均值，也可以是小组成员投票得出的数值。制定时间限制，会对任务的进展有所帮助。

测量误差

在测量时存在系统性误差和偶然性误差：

(1) 绳（线）越粗，周长的测量精度越低。绳（线）越细，测量结果越
准确。

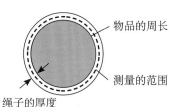

物品的周长

测量的范围

绳子的厚度

(2) 另一个误差是对绳子长度的测量而导致的。在测量的时候（很大程
度上和长度没关系）有一个 ±1 毫米的（绝对）误差。测量的圆越
大，误差就越小。当测量的周长很小时，可以用线将圆缠绕 10 次，
之后将所测量到的 10 次绳子的长度之和除以 10，测量误差也就被
除以了 10。

学生们得到了一个比值，近似于 π。由于绳子本身具有厚度，导致实际的周长要比绳子测出来的周长小。此外，由于在测量的时候，很难精确地找到圆的中间位置，所以测量的直径要比实际直径数值小。

这个特殊的比值被称为 π，数学家们没有精确地把它求出来，在很多具体的情况下始终用近似值来描述。

```
π = 3.1415926535897932384626433832795028841971693993751058209749445923078164062862
08998628034825342117067982148086513282306647093844609550582231725359408128481117 4
50284102701938521105559644622948954930381964428810975665933446128475648233786783 1
65271201909145648566923460348610453266482133936072602491412737245870066063155881
74881520920962829254091715364367892590360011330530548820466521384146951941511609 4
33057270365759591953092186117381932611793105118548074462379962749567351885752724 8
91227938183011949129833673362440656643086021394946395224737190702179860943702770 5
39211717629317675238467481846766940513200056812714526356082778577134275778960917 36
37178721468440901224953430146549585371050792279689258923542019956112129021960864 0
34418159813629774771309960518707211349999998372978049951059731732816096318595902 44
59455346908302642522308253344685035261931188171010003137838752886587533208381420 6
17177669147303598253490428755468731159562863882353787593751957781857780532171226 8
06613001927876611195909216420198938095257201065485863278865936153381827968230301 9
52035301852968995773622599413891249721775283479131515574857242454150695950829533 1
16861727855889075098381754637464939319255060400927701671139009848824012853836160 35
63707660104710181942955596198946767837449448255379774726847104047534646208046684 2
59069491293313677028989151240752162056966020405081501935112533824300355876402474
96473263914199272604269922796782354781636009341721641219924586315503028618297455 57
06749838505494588586926995690927210797509302955321165344987202755960236480665499 1
19881834197753536908074264252786255181841537089097777227938300081647060016041452
49192172321721477235014144197356854816136115732552133475741849468438523323907394 1
43334547762416862518983569485562099219221842725502542568876717904946016534668049
88627232791786085784383827967976681454100953883786360950800642251252051173929848
96084128488626945660424196528502210661186306744278622039149454504712371378696095 63
64371917287467764657573962441389086583264599658133904780275900994657640789512694 683
98352595709825822620522489407267194782684826014769090264013639443745305068203 4
96252451749396965143142980919065925093722169646151570988583874105978859597297549 89
30161753928468138268683868942774155991859252459539543104997252468084598727364 46
95848653836736222626099124608051243884390451244136549762780797715691435997700129 6
16089441694885558440853206722252824848643158456028506016842739452267467678820529 2
52138522549954666727823986456596116354886230577456498035593636456817432411251507 60
69479451096596090937108931145669386732157919844814882891334360726151496152478920 7
60917824931858590900714909675982613655497818913129784821682998948722658800485756 40142
70477555132379664145152374623426454285844759256586782105114135473573952311342716 61
02135969536231442592524849379187110145765403590279934403742007310578539206198387 4478
08478489683322144571386887519435064302184531910488100537066146806749192781911979 399
52061419660430384450137189121012718121816211911291419894909071864 0
94231961567945208095146550225231603881930142093762137855956638937770830390697920
77346722186256259966150142150306803844174354920260541466592520149744285073258618 660
02132434088190710486331734649651453905796268561005508106658769989163574736384052 5
71459102897064140110971206280439039759515677157700420337869936007230558763176359 4
21873125147120532928191826186125860373591984148488290166407609575272706957220917 567
11672291098169091528017350671274858322287183520935396572512108357915136988209144 4
21006751033467110314126711136990686585261639831501970165151168517143765761835155 6508
84909989859982387345528331635507647918535893226185489632123933089857064204675259 0
70915481416549859461637180270981994309924488957571282809592323326097299712084433 5
73265489382391193259746367632653604142813883032038249037589852437441702913276561 8
09377344440307074692112019130203303801976211011004492932151608424448596376698389 52
28684783123552658213144957685726243344189303968642634410773226978028073189154411
01044682325271620105265227211166039666557309254711055785376346682065310989652691 8
62056476931257058365366201855810072936065659876486117910453348850346113657686753 24
41668039626575978771855608455296541266540853061434443185867697514566140680070023 78
77659134401712749470420562230538994561314071127000407854733269939081454664645880 7
97270826683063432858785698305235808933065757109017049754571637752542021149557615 81400 2
50126228594130216471550979295923090796547376125176567513575178296664547791745011
29961489030464399471329621073404375189573596145890193897117904297828565473 12031
98691514028708085990480109412147221317947647772622414254854540332157185306142288 1
37585043063321751829798662237172159160771669254748738986654949450114654062843366 3
93790039766324621463850637360965712092667638327169647596347163775254202114955761 5814002
04031721186080204190004229661711963779213375751149595015660496318629472654736 4252 3
08177036751590673502350728354056704038674354136222247715891504953098444893330963 ...
```

基于此：当半径为 d 时，$π = u/d$，$π = u/2r$。为了得到一个更接近的值，以及更好地让学生了解其特点，教师可以将近似值告诉学生。上图可以作为复印材料使用。

复印材料

就像上文中说过的，这串数字仅仅传达了一种特殊的感觉，但是这并不是全部：π 是非理性的，准确地说，甚至是超然的。人们并不能通过写下这串数字就能获知其中的奥秘。

阿尔布雷希特·博伊特施帕特向他的博物馆来访者提出了一个挑战（触摸数学），在这串数字中找到他的出生年月。你也可以用前文圆周率的那张图来让学生进行类似的挑战，当然，这样做的话，学生关注的焦点更多的是在概率的计算上，而不是圆的计算上。

4.2 课堂上的圆的面积或者比萨的面积

通过圆的周长可以求出圆的面积。很多人都知道"蛋糕法"，我们可以用比萨代替蛋糕。如果你所在的地区已经开通了比萨外卖服务，就可以在课前先订购一整块比萨。下订单时备注好让店家将一整块比萨切成 12 块，并且在课堂进行 10 分钟的时候准时送到（很多外卖服务是可以做到的）。

比萨配送

你也可以带一把方便切比萨的刀，根据学生人数来切比萨，让每名学生都能得到一块比萨。

面积推导的草案（周长已知）

求边界值的过程

将切成小块的比萨重新排列。比萨的周长是：$u = 2\pi \cdot r$。如果不将比萨切成 12 块，而是切成无限块，那么最终将会得到一个矩形（微积分）。

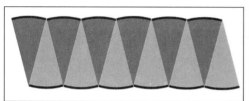 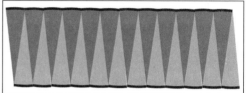

矩形的面积是长乘以宽：

$$A = r \cdot \frac{u}{2} = r \cdot \frac{2\,\pi \cdot r}{2} = r \cdot \pi \cdot r = r^2 \cdot \pi$$

当所有学生都理解了这一证明过程后，就可以邀请学生吃比萨了。

教育学背景

课堂上的比萨

在这一练习中至关重要的一点是，比萨是在课堂中间的时候出现的，这是一个美好的瞬间。比萨打破了学校中的常规：比萨不属于学校的范畴。所以学生在回家之后还会谈论起它，也许在下一次吃比萨的时候还会回忆起这次经历。

气息和味道

除了将课堂和日常生活相关联之外，在课堂上引入比萨还有一个理由：它闻起来很香，它的气息和味道将一直持续地留在学生的脑海中。

4.3 不用比萨求面积

这一节是关于圆的面积的内容，可以作为 4.2 节的替代方案。此方案更多的是把练习本作为工作簿使用。从教育法的角度来说，让学生直接体验到极限值的过程是极其重要的。它不是将练习本随意切分成小块，而是对其进行无限的精细的切分。

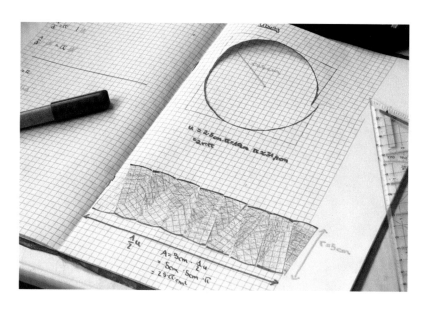

用圆规在练习本的一页上画一个半径为 5 厘米的圆，下一页保持空白。

首先，让学生们估算一下圆的面积。为了防止学生们的估算值和正确值相距甚远，可以要求他们围绕圆画一个正方形。正方形的面积肯定为 100 平方厘米，圆要比正方形小一点。在将圆剪下来之前，先用粗水彩笔将圆描画一遍。这样在剪完之后，留下来的圆孔边缘和圆的标记相同。

用两种颜色绘制一个圆，两种颜色各占一半。然后找到一个合理的分割方法，使得分割后的碎片组成一个矩形。

可以将圆分解成相同的四部分，但是对于一个矩形来说，四部分组成的图形与矩形相比差距甚远，可能将圆分成八部分会好一些。

切分的越精细，就越接近矩形。极限值的过程就是逐步的建模过程。在周长已知的基础上，面积的求导参照 4.2 节。

教育学背景

从一张纸片上剪一个圆和从学校的练习本上剪一个圆，第一眼看上去，两者包含的信息是相同的，但是在进一步的观察中发现，在练习本上剪的一个圆有其自己的故事。首先，在常规的课堂中，剪练习本这个行为是不被允许的。其次，学生们除了体验过程之外，这样做还将剪切的方法保存在了练习本中。而在练习本上这种书写方式又被扩展到了一个新的维度：不额外付出精力。运用练习本的另一个例子是，在 2.3 节中，从练习本上剪下平行纸条，由此推导出三角形或者平行四边形的面积。

4.4 第二次使用比萨：圆弧和扇形

教师要为这堂课的三个任务订购一个比萨，对计算结果的要求要具体：让学生们将每一块比萨看作扇形，将比萨的边看作圆弧。

任务一

教师将直径为 D 的比萨切开（切成扇形的形状），班上的每一名学生都可以分到一块比萨。

让学生们求出扇形的面积、扇形的周长、圆弧的长度分别是多少。

任务二

比萨在送来的时候是被装在一个正方形的盒子里的。盒子的边长与直径相等。那么，比萨盒底有多少面积是用不到的?

任务三

如果每名学生只想吃分到手的比萨的一半，那么比萨的直径应该是多长?

课堂上具体的实施

教师需要提前做的任务是：知道想要吃比萨的同学的数量（用于预定比

萨）；在黑板上写下三个任务；上课之前订好比萨（注意营业时间），并在订比萨时询问比萨的直径和到货时间。

教师最好带一个比萨刀来教室，这样才能保证将比萨按照课堂要求"适当地"切开。当比萨送到的时候，就可以让学生们用这个香喷喷的东西来求解任务答案了。

4.5 硬币和手表

很多人都戴手表，钱包里都放硬币。它们可以用来制定个性化的、触觉方面的任务。这里介绍两个案例，其余案例在之后的章节中学习。

案例 1：硬币密铺

使用硬币不能密铺成一个平面，会有缝隙。如果用相同形状的硬币，会有百分之几的面积是空出来的？

教师设置开放式任务：这和硬币的种类有关吗？最密的排列看起来怎么样？

首先教师要从不同学生的钱包里收集硬币，然后让学生们根据硬币的大小进行估算。这个任务有助于在学生之间建立合作关系。

教师可以根据硬币将学生们进行分组！在 4.6 一节的学习中也出现了这个任务，但是在 4.6 节中并没有将任务设置成开放的形式。

案例 2：手表上的圆

教师将当前时间写在黑板上。让学生们分组解决问题：到某个时刻为止，分针的尖端走过的轨迹是怎样的？它覆盖的区域是哪一块？

每名学生的手表是不同的，所以指针的长度也是不同的。尽管如此，还是要让他们以小组的方式完成任务。目的就是让每名学生都完成相同的任务，"只有"指针长度不同，学生才能很好地在一起合作。他们不知道这个变量的意义对于完成任务的效果会更好！如果某名学生想要展示自己的"答案"，就需要测量小组内每名同学手表的指针长度，这时候就必须得考虑指针长度这个变量的存在。

变量的意义

4.6 定点学习法

在古希腊时期，人们就知道在移动中和不同的位置上学习（位置轨迹法）。本节的内容也是新瓶装旧酒，换汤不换药。今天，这种方法被称为定点学习。这里介绍了完整的定点学习法：①学习定点；②解决方案；③多米诺骨牌；④单据；⑤自我评估；⑥测试及解决方案。接下来我们会在课堂上的具体实施中介绍这种方法。

在移动中和不同的位置上学习

定点学习法的具体实施

教师在布置任务时要故意将一些数据删掉，让学生自己去测量和估算缺失的数据。

定点		操作过程	材料
1. 三个圆		圆的半径为 3 厘米。如果学生手头有圆规的话，画一幅图（草图即可）出来。然后确定阴影部分的面积。	圆规
2. 自行车		从学校回家，计算自行车车轮转数，估算或者测量计算从学校到家的距离。	自行车
3. 用硬币密铺		用 5 欧分的硬币尽可能地铺满部分桌面。5 欧分的硬币覆盖的面积占整个桌面面积的百分比是多少？ 如果百分比太小的话，那么换成 1 欧分的硬币呢？	大约 20 个 5 欧分的硬币
4. 比萨		比萨的直径是 28 厘米。假设，你们现在特别饿，那么你们能吃掉多大尺寸的比萨呢？	比萨
5. 多米诺骨牌		将多米诺骨牌挨着摆放，每一块牌上都有一条灰色的魔术贴。通过魔术贴将其紧贴着摆好。	多米诺骨牌

这才是数学 .III

定点		操作过程	材料
6. 绕赤道的线		想象一下，有一个像地球一样大的球，用绳子围绕"赤道"一周，绷紧绳子，绳子最多只能延长一米。这样绳子和小球在每一处都留有一段相同的距离。图片中的徒步旅行者弗里多林能否从中穿过去呢？还是说这个缝隙连他的一根头发丝（直径：0.000 05 米）都过不去呢？	气球和线
7.DVD		DVD 的外径恰好为 12 厘米，表面积约为 111.3 平方厘米。你可以根据这些信息确定这个光盘的内径吗？	DVD
8. π		π 是周长与直径的比。请你尝试选择一个方法，尽可能准确地求出 π。这个过程中存在哪些测量误差？怎么使这些测量误差尽可能小？	绳子
9. 手表的指针		图中手表的分针长 13 毫米，时针长 7 毫米。分针从 0 点开始到下午 1 点之前覆盖了哪些区域？指针的尖端走过了哪些路径？	手表

定点		操作过程	材料
10. 圆环		1 欧元硬币有一个黄铜 - 镍合金环。从上方垂直看这枚戒指：金环的部分占整枚硬币面积的百分比是多少？	一个 1 欧元的硬币
11. 四个硬币		将四个 5 欧分的硬币排在一起，使它们的中点构成一个正方形。计算中间围起来的空白部分的面积。 另外：根据硬币的半径 r 确定要计算的区域。	四个 5 欧分的硬币
12. 精确的直径		每次测量都有误差。粉笔的直径应使用细线（或一根长发）来测量。想一个办法，怎么才能在误差 ±0.1 毫米内确定直径？如果粉笔不是圆柱形的，也可以找一支笔来代替。	细线，急需的话，用头发
13. 最大值		让绳子（1 米）环绕一圈，使面积尽可能最大化。那么其最大值是多少？ 要想让这个面积增加一倍，绳子也会是现在的两倍长吗？	1 米长的绳子
14. 面积		当学生知道圆周长的计算公式之后（$u = 2\pi \cdot r$），可以由此推导出它和面积的相应的关系。 提示：照片为你展示了一种方法。	一个比萨

定点学习法

引入

这部分是关于定点学习法的内容，这里需要一个简短的引入。核心对象最好为扇形和弧形，不能是弓形（因为弓形不能用一般的方式处理。相应地，学生应该在使用这种方法之前就知道 π 和 r）。你也可以用 4.3 节中的练习进行引入。

准备

教师将任务卡（学习定点）用 A4 纸打印出来，压到薄膜里或者进行塑封，抑或直接将其打印到一个纸板上（卡片的大小必须与 A4 纸一致）。同时，将答案打印出来放到信封里，在外边标注上任务编号。 材料

给每名学生一份清单，上面必须包含（预估的）任务难度。星星越多，任务越难。在任务卡上，编号的颜色仿照交通信号灯和任务难度进行对应（绿色＝简单，黄色＝中等，红色＝难）。

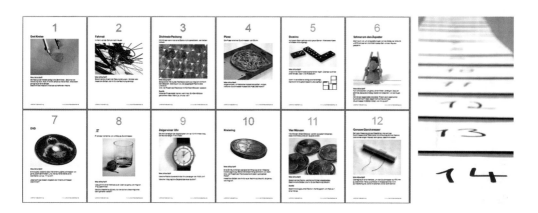

多米诺骨牌（材料）是经过层压技术或者打印到硬纸板上再剪开的。其他的材料可以从表中看到（参照前一页表的最右边一列）。在实践这个方法之后，可以选择去网上做一个自我评价和测试。

违背学生的意愿去实践这个方法是没有意义的。教师可以提前向学生们描述一下它的优点，然后提问他们是否愿意加入。

▶ 每名学生都可以按照自己的节奏进行操作。

▶ 教师不用担心课程的进度，所有的时间都可以用来回答学生们的个性化问题。

▶ 每名学生都可以确定一个个性化的顺序。

▶ 整堂课侧重的是讨论和谈及数学的方式方法。学生之间的语言远比教师对学生的语言要简单、直接。

▶ 通过这些材料可以实现差异化和多渠道的学习。

学生得知了以下信息之后就可以开始任务：

▶ 定点学习法用到的材料是全班同学操作的客观对象，而且是接下来不会重复使用的（从一个定点到另一个定点）。

▶ 总时间为 5 个课时（假设）。在这段时间里至少应该完成清单里标注的必须要完成的定点任务并对任务加以理解。

只允许做小组任务

▶ 根据任务的难度对任务进行颜色编码，这些任务是相互独立的。

▶ 缺失的数据可以通过测量或估算得到。

▶ 任务卡和答案的位置是固定的。答案放在讲桌上，不能带到学生的位置上。同时要让答案能被找得到，不能在读取任务之后马上读取答案。

▶ 应该保证学生们写在练习本上的内容在两周之后还能被看得懂，能知道当时的任务是什么。也就是说，除了答案还应该简短地记录下当时布置的任务。

▶ 因为 5 个课时都是关于定点学习的，所以教师应该将这段时间内的家

Übersicht und Laufzettel zum Lernzirkel Kreisberechnung

Name: _____

	Nr.	Name der Station	Schwierig-keitsgrad	Status ☺☺☺
Pflicht	4	Pizza	*	
	5	Domino	**	
	9	Zeiger einer Uhr	**	
	11	Vier Münzen	**	
	13	Maximal	**	
Wahlstationen	1	Drei Kreise	***	
	2	Fahrrad	*	
	3	Dichteste Packung	***	
	6	Schnur um den Äquator	**	
	7	DVD	*	
	8	π	*	
	10	Kreisring	*	
	12	Genauer Durchmesser	**	
	14	Flächeninhalt	**	

Je mehr Sterne (*) eine Aufgabe besitzt, desto schwieriger ist sie eingestuft. Das ist jedoch nur eine grobe Schätzung. Jeder empfindet andere Aufgaben als einfach bzw. schwierig.

Erledigungsvermerke auf dem Laufzettel (Status):
○ = angefangen
☺ = erledigt
☺☺ = erledigt, kontrolliert und richtig gelöst

庭作业都布置清楚。

最后，教师在教室里放置定点任务卡，同时不要让自己被埋没在一大堆问题中，可以选择只回答小组问题。当教师不回答个人问题时，那么至少两名学生会将他们的问题统一成一个问题，这样你回答一个问题就相当于回答了很多名学生的问题。

学习目的

在实践了定点学习法之后，要有两个反馈：

第一个是自我评价表，让学生自己进行评价。不能设置对教师评分的项目，否则会对师生关系有一定的影响。第二个是常见的测试。对于必须要完成的任务，材料是必需的。有时我会将测试和它的答案作为家庭作业一起分发下去，表明这和教学进度息息相关。而不是让学生将答案复制到作业上。教师也可以通过不打分的形式进行一次班级测试。

把带有答案的测试作为家庭作业

打造自己的定点学习法

这个具体的定点学习法仅仅展示了一种可能的方法，还有很多其他的方法和途径可以选择。你可以构建一个结构框架，用其他的主题填充它，补充或是删掉任务，调整难度等，以重新制定自己的定点学习法。课堂形式越符合你自己的个人风格，效果越好。

2

空间几何

第五节 豌豆、牙签及其他几何性质的物质

豌豆和牙签是特别方便的实验材料，它们的优点如下：

▶ 豌豆没有预先打孔，牙签可以固定在任何地方。所以该材料并不需要组装说明。

▶ 不需要胶水。

▶ 连接之后保持干燥。

▶ 豌豆上可以插很多根牙签。

▶ 所有材料都是可生物降解的。

▶ 物美价廉，而且很容易找到。

▶ 不需要特殊的存储空间。

▶ 每名学生在家就可以进行实验。

一开始，我只是对这个连接结构的简单和稳定而兴奋。然后我发现可以将这个结构浸入肥皂液中，去考虑边界条件下的最小曲率，最后研究正多面体和它的对偶多面体、空间密铺、分形及欧拉公式。

用豌豆和牙签进行操作让我深深地沉迷于数学之中。将材料握在自己的手中，创造出某个形状，这是一种从未体验过的感觉。

自己创造也会很愉快。豌豆和牙签在学生的手中会形成更多引人注目的形状。学生依靠自己的双手，同时进行思考和动作。教师可以看到，对于材料的处理和操作会让课堂变得十分人性化。

材料本身具有自我管理作用，它要求学生们要通过现有的条件进行实验。从这个意义上说，豌豆和牙签是一位指导者，也是一位教师。就像学生自己探索材料的特性一样，这也可以督促学生去探索自己的局限性，不是因为别人强迫他才这样做，而是因为他喜欢这么做。

5.1 准备与导论

教师需要准备约 250 克干豌豆和 2500 根牙签。

教师需要提前将豌豆放在水里浸泡一晚上。如果浸泡后不立即使用也没有关系，将其稍微烘干即可；或者将豌豆放在冰箱中，这样可以延迟它发芽的速度。

遇见材料

第一轮：要求学生们闭上眼睛。分给每名学生一个浸泡过的豌豆。谁都不要说话，自己探索手里的新材料。如果有学生猜出他手中握着的东西是什么，就可以睁开眼睛。

第二轮：要求学生们再次闭上眼睛，将第二个对象——牙签分给每名学生（注意不要伤到学生们）。如果有学生将两个东西都猜出来，就可以睁开眼睛，然后想象一下，豌豆和牙签可能会产生什么关系。

以冥想的方式开始这个练习是非常棒的，这是让孩子们在和材料第一次相遇时表现出对材料的尊重，而这种机会仅有一次。这种模式适合所有年级，甚至成年人参加的研讨会。

对材料的尊重

零食盒的材料分配

学生们组成小组（每组四名学生），并派遣一名使者（物资管理者）带上空的零食盒去领取材料。这样每个小组都能获得等量的材料。

关于材料价值的系统性评论

权责分明。教师设置物资管理者就是一个很好的例子，和一名学生很容易就可以达成一致，但是和整个小组就很难或者根本没办法这样——通常没有人会负责。这个原则还有如下内容：

分配责任

物料管理者不仅要负责材料的管理，还要负责确保课时结束时的卫生工作，将一切都整理妥当。如果事后有东西在地板上，他将自己而不是和小组成员一起解决。请注意：他"只是"责任人，清理或领取材料是另一回事。

有一个很神奇的现象：当把责任委派到某一个人身上时，大多数的问题似乎都会消失。这并非体现在课时之后整理工作做得好，而是体现在地板上什么东西都没有。

权力和材料

学生获得材料的那一刹那，教师就会将小册子递出去。教师不需要布置任务，直接开始就好了！因为学生们自己就会开始动手。

课堂上的架构工作

对于教学结构而言，这意味着：如果你想要布置任务或者进行任务说明，一定要在分发材料之前就进行。一旦学生们拥有了豌豆和牙签，每个人都会开始扎豌豆。拥有材料就形同于拥有权力。

当然，教师有时需要做一些解释。但是只要学生手里还有豌豆和牙签，就会继续进行手里的事情。最好的解决方法就是强制所有人停止：让所有人将手插进裤兜！

将手插进裤兜

材料和动作技能

有时，会有学生抱怨豌豆不好用，说豌豆的承受力太小。其实豌豆的承受力是很惊人的，可以插很多牙签！当然，如果你用牙签将其刺穿，豌豆肯定会坏掉。为了保证豌豆不会坏掉，我会提前给学生构建一个"球"

或者一个"刺猬"。这样就没有人会再去抱怨豌豆不好用了。

学生通常会跟着制作这个"球"。在此过程中，学生们会发现，并不是所有的豌豆都是相同的，学生们必须要适应自己拿到的豌豆和其承受力，同时也顺便学到了区分不同的东西。

用材料做成自己熟悉的模样

我很喜欢一些很"专业"的几何盒子的地方在于：我们不需要去看自己手里拿着的是什么。相信自己的材料是学习过程的一部分。

没有数字的数学

幼儿园的数学

在幼儿园，教师针对数学学习有很好的练习。我曾经有幸，有三年多的时间和 3~6 岁的小孩一起研究数学和自然科学的一些问题。当没有数字时，孩子们更专注于本质问题。

对于数学，有两个很有意义的主题：对称和投影。这两个主题都不是以数字开始的，但是在数学上却影响深远。对称出现于函数及其图像之中，而与投影相关的标量乘法和加法都是通过向量计算证明的。

5.2 对象事物的处理

做好的多面体会变干。豌豆会凑在一起，结果就是这个物体会变得更紧凑，但是更脆，也更易碎。最好是将它们用图钉和细线挂在屋顶上。这样的话，教室就会变得更加个性化，因为每名学生的上方都挂着一个自己做的很有个性的形似建筑的小物体。

教室变得更加个性化

5.3 正多面体

教师在分发材料之前，可以问学生：可以建造的最简单的多面体是什么？
这个多面体需要多少颗豌豆和多少根牙签？

在学生思考答案的时候，教师构建一个最简单的多面体：四面体。这个
四面体至少需要四颗豌豆和六根牙签。

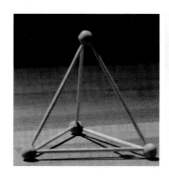 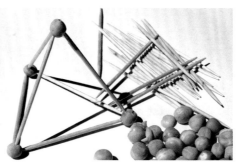

四面体是一个特殊的多面体。在这个多面体中，每一颗豌豆都可以是金
字塔的顶端，没有什么区别。没有哪一颗豌豆是格外优秀的，所有的豌
豆都有着同样的命运，每一颗豌豆上面都插着相同数量的牙签。还存在
另一个这样的多面体吗？

学生可以自己做出四面体的一个面。四面体有四个这样的面。这时候就出现了一个新的问题，这样的面可以拼出多少种正多面体呢？

答案是：五种。

学生的任务就是构建正多面体。正多面体的定义也就明确了：由多个相同规则的正多边形构成的实体叫作正多面体，正多面体的每个角是都是由相同的多面体构建而成的。

证明

学生们很快就知道，只有正三角形、正四边形、正五边形可以构成正多面体。因为正多面体的每一个角至少需要三个面构成，构成角的每一个面的内角必须小于 360°。正六边形会构成一个蜂窝状结构，可以在平面上做一个密铺。（见第 2.12 节的柏拉图式密铺）

首先，我们把正三角形作为正多面体的面。

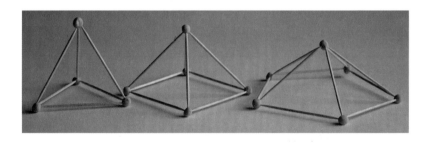

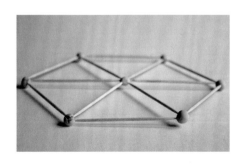

学生可以用正三角形、正四边形、正五边形和正六边形在平面上形成密铺。用正三角形可以构成三种正多面体：正四面体，正八面体，正二十面体。

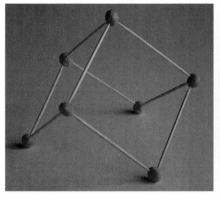 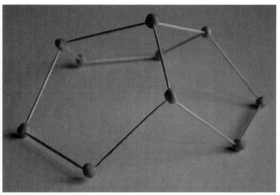

对于正方形来说只有一种可能性，即用三面围成正多面体的一个角。因为当用四个正方形构成一个角时，会形成一个（柏拉图式的）平面的密铺。

同样的，用正五边形构成一个角也只有一种可能性。

这五种正多面体有自己的希腊名字：正四面体，正六面体（立方体），正八面体，正十二面体，正二十面体。

课堂上的具体实施

学生按分组在一起，从桌子上挑选豌豆和牙签。如果材料在零食盒里是满满的，或者是很满，而且盖着盖子，那么落到地上的豌豆就会少一些。（请参阅第 5.1 节）。

将对称作为建筑指导

在没有教师帮助的情况下，大部分学生很难构建出正八面体、正十二面体和正二十面体。这时，孩子们十分需要教师指导。

只要大家知道对称的方法，构建正多面体会就变得十分简单。这里很明确地展示了正二十面体，在这里，每一颗豌豆上都插着五根牙签。

正二十面体的构造指南

首先，用豌豆做一个正五边形，这样就产生了一个五边形金字塔，见下页图片。

然后，对称成了指导思想：在正多面体中没有任何一个角可以与其他角区别开来，不存在"上面"和"下面"之说。每一颗豌豆的命运都相同，上面都插着相同数量的牙签。所以位于金字塔尖的豌豆可以被任何其他的豌豆所替代。在这个例子中我们选择了最下面的豌豆，然后围绕它又构造了一个正五边形。

当和学生们一起研究的时候，可以借助迁徙的蚂蚁：必须从它们的角度来观察每一颗豌豆，产生的正二十面体看起来是一样的。想象蚂蚁在豌豆上继续爬行，为它再构建一个正五边形。

这才是数学.III

继续沿用这个原则。学生们可以立即发现错误，因为每一颗豌豆上面只能插五根牙签。第一颗豌豆上插了五根牙签，这个装备对正二十面体的整个结构进行了约束。理解对称的含义是看懂构造指南的关键之处。不使用对称原理，正二十面体是很难构造的。

相应地，与构造的正十二面体、正四面体、正八面体以及正二十面体的牢固结构不同，即使不施加外力，正六面体和正十二面体也很容易变形。由于正十二面体"易变形"，所以它非常难以构造。

正十二面体

插豌豆是一项纯手工的工作。如果一名学生动作更麻利的话，那其他的学生相对就会显得慢一些。速度快的学生可以在下一个练习中将他的正二十面体转换成其对偶多面体。

纯动手性的工作

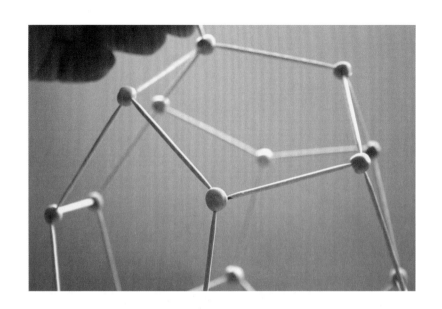

5.4 对偶多面体——圣诞星星

如果我们在正多面体的每一个面放置一个棱锥的尖角，将新产生的每一个角相连接，会出现一个什么样的多面体呢？

正二十面体由三角形构成，在其每一个面上植入一个底面为三角形的棱锥（这里是四面体），而对于立方体来说这个棱锥的底面是正方形。

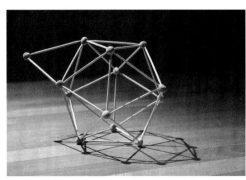

新的角构成了一个正十二面体。正十二面体和正二十面体互为对方的对偶多面体。在对偶多面体中,面的角色和角的角色进行了互换。人们用面的中心点取代了面,相互连接形成了对偶多面体。中心点是对偶多面体的角,这些角相互连接会扩大成相对应的面。

将豌豆刚好放到每一个面的中心点是不可能的,可以通过放入一个棱锥得到一个放大了的对偶多面体。

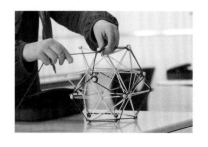

可以突出强调一下对偶多面体,用细线将对偶多面体的轮廓框出来。

正六面体和正八面体互为对偶多面体。

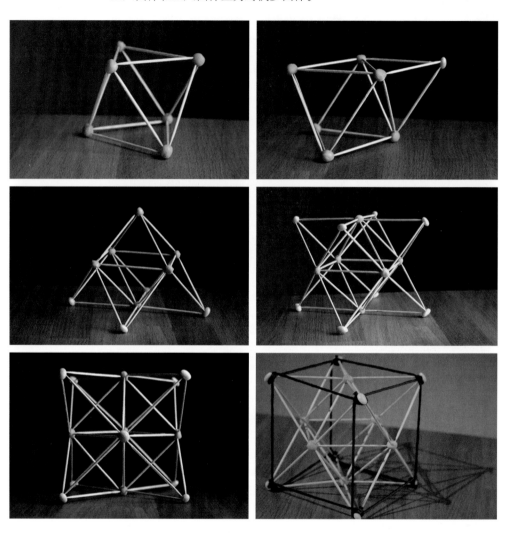

从左上角的视角更容易辨认立方体。用细线连接立方体的每一条边，这样更容易辨认对偶多面体。

这种方法也可以用于两个相互嵌套的四面体。

在一个正八面体的合适位置植入四个三角形，于是产生了一个四面体。在接下来关于正四面体和正八面体体积的比较（5.11）、两个部分的拼接（5.12）及谢尔宾斯基金字塔（5.13）的部分中，它都发挥了自己的作用。四面体本身就是自己的对偶多面体：植入四个三角形，又产生一个新的正四面体。在某种意义上，正四面体展现了最高意义上的对称，因为它的对偶多面体还是正四面体。

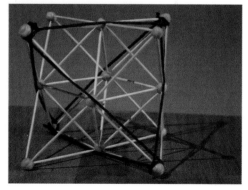

5.5 数学——普遍的真相

作为随机数发生器的立方体并不是一个偶然

在抽奖游戏中，需要一个随机数发生器，这个随机数发生器会根据多面体相应具有四面、六面、八面、十二面及二十面，但是日常生活中用到的为什么偏偏是六面体而不是八面体呢当然生活中我们对于长方体更加熟悉。我们的房子、抽屉、架子、洗衣机等都是长方体的。这是因为：长方体会让空间内的密铺变得更加简单。简单点说：如果我们想用一块木头做正多面体，做成长方体的话不浪费材料。

数学对我们的文化具有影响

是游戏（我们的思维）适应了对称性，而不是对称性适应了游戏！在普遍的现象中发现普遍真理，几乎每个游戏都基于科学或数学思想。

另一个例子：

我给儿子买了一个球形拼图。三个部分拼在一起形成一个三角形。现在，20个三角形组成了一个正二十面体。因此，这个拼图的基础就是正二十面体。同样，几何扮演着至关重要的角色。在这里，它会影响拼图块的数量。

5.6 投影——物体的阴影图像

我们来观察一下豌豆和牙签构成的多面体的投影。将日光投影仪挪至"无限远",让光线尽可能地相互平行。

由于深度信息在投影中消失,所以身体的影子以两种形式解释,其中"前""后"互换。例如,立方体的投影以两种形式呈现。一种是从右上方看到的视图,另一种是从左下方看到的视图。学生同一时间可能只会看到一种视图。阴影投影"倾斜",但是只呈现出一种视图。我们的大脑认为这就是真实的情况。

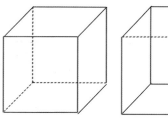 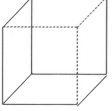

消失的深度信息

当学生转动身体时,可以得到一个空间影像,因此可以知道,现在是身体的不同的视图。但是在旋转时,就可能会呈现出两种可能性:学生根据视线"捕捉到"一个视图,不同的学生对旋转的方向的解释会有所不同。在实验中应该缓慢转动，旋转轴应该与光线方向垂直。

课堂上的具体实施

一个简单的结构，如立方体，使其非常缓慢地旋转。

学生应该只注意阴影部分：向左转还是向右转？相信阴影是向左转的，竖起右手大拇指向上，反之，大拇指朝下。如果有学生认为左右方向都有，可以用食指指示旋转方向。

学生应该环顾四周，看看别的同学的指向。通常学生之间会有相互的劝导，因为每个人都认为自己是正确的，而且很难放弃自己的观点。因为他们确实是自己看到了！

所以他们认为，自己的同学在旋转方向的区分上有困难。数学作为一个教育者，为阴影的旋转方向的两个不同的事实呈现提出了不可辩驳的例子，它们互相排斥，但是两者都是正确的。往深了考虑，教室里的每一个人对于事实都有自己的想法。两种不同的立场，乍一看互相矛盾，但是事实证明两者都是正确的，这种观点可以省去许多争议。

每个人都有自己认为的真相

5.7 计算与观察

尤其是在中学，让学生在计算的同时建模，这样对学生理解知识具有极大的帮助。这有两层意义，一方面是抽象思维的建立，另一方面是物质的对应。

掌握两层含义

我们的左脑主要负责处理计算和公式，右脑负责触觉和创造性的活动。左右脑是同时进行工作的，所以计算和建模是被同时感知的（格式塔心理学：同时变化的两件事被认为属于同一事物被同时感知）。

如果已经借助一个四棱锥的边长 a（一根牙签的长度）求出了与底面垂直的高，那么就可以根据结果确定红色牙签的长度。

$h = a \cdot \dfrac{\sqrt{2}}{2} \approx 0.7.71a$，也就是它长度的 70.7%。

其他练习：

▶ 一个棱锥的高、表面积和体积。

▶ 立方体的（空间）对角线。

▶ 正八面体的表面积和体积。

……

抽象计算和物质对应同时性的思想也可以应用于各种类型的证明之中。

下一节将对此进行演示。

5.8 点、线、面——完全归纳的示例

以下练习对于低年级学生和高年级学生都适用：每名学生都应该用豌豆和牙签构建一个任意的平面网，详见下图。为了保证安全，教师提前将每一根牙签的两端都插进豌豆（结点）中。

不仅适用于低年级，也适用于高年级

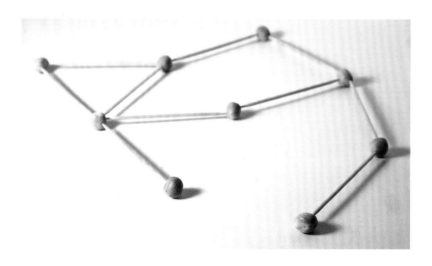

上面的图片展示了一个图形，这个图形包括 9 颗豌豆（结点），10 根牙签（线），两个面（这里是一个三角形、一个五边形）。将结点的数量 K（豌豆）和面的数量 F 算在一起，去掉线的数量 L（牙签），就得出一个数字：

$$K + F - L = 9 + 2 - 10 = 1$$

令人惊讶的是，每名学生都得到了相同的结果。这不是巧合，而是：

$$K + F - L = 1$$

下面将对该算式进行证明。

证明

理解复杂的图形有点困难，因此我们从最简单的"图表"开始，它只有一颗豌豆：

很显然只有一个结点，0 个面和 0 条线： $K + F - L = 1 + 0 - 0 = 1$	
我们在图中添加一条线。现在有两个结点，一条线，（仍然）没有面： $K + F - L = 2 + 0 - 1 = 1$	
如果我们继续构建一条链状图形，同时不想构成面，我们还需要一个额外的结点，一条附加的直线，两者互相抵消。右图就是这个不改变等式的构建部分	
现在有三个结点，两条线，依然没有面。	
现在我们有两种选择：要么继续构建链状图形，经过上述考虑之后，等式不变；要么将外面的两颗豌豆连接起来。后者我们不再需要新的结点（豌豆），但是通过连接产生了新的面。现在的图形是由三个结点，三条线及一个面构成的。在计算的时候，新添加的线在产生的面上被抵消了： $K + F - L = 3 + 1 - 3 = 1$	

但是，如果继续构建，则需要一条线（一根牙签）和一个结点（豌豆），或者不需要其他的结点，而是连接两个已经存在的结点。在这种情况下，将构建一个新的面。两种构建方式对计算的影响都被抵消了。

推理的常见过程：归纳开端，归纳假设及归纳步骤

归纳开端： 对于一颗豌豆，该等式显然是成立的： $K + F - L = 1 + 0 - 0 = 1$	
归纳步骤： 该表述对于给定的图是正确的（归纳假设）：$K + F - L = 1$ 必须证明，当增加一个构建步骤时，该等式仍然成立。	
第一种情况： 我们继续进行构建，不要组成新的面，结点和线的数量增加了一个，如下： $(K + 1) + F - (L + 1)$ $= K + 1 + F - L - 1$ $= K + F - L$ 最后一项借助了归纳假设论述了这种情况。	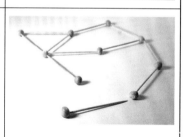
第二种情况： 我们继续进行构造，创造一个新的面。结点的数量并不增加，但是出现一个新的面和一条新的线。 如下： $K + (F + 1) - (L + 1)$ $= K + F + 1 - L - 1$ $= K + F - L$ 这也是根据归纳假设得出的。借此研究了所有的情况。	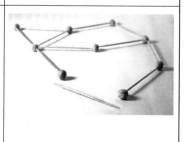

教育学背景

在这两个表述中，归纳证明同时以抽象性的和物质性的形式出现。可以参见最后一个部分计算和观察。

5.9 欧拉多面体公式

如果将一个立方体角的数量（E=8）加上一个立方体面的数量（F=6）并减去一个立方体的边的数量（K=12），可以得到数字 2：

$$E + F - K = 8 + 6 - 12 = 2$$

$E + F - K = 2$ 对于四面体来说，可以得到这样的结果：

$$E + F - K = 4 + 4 - 6 = 2$$

欧拉多面体公式表明，对于由多边形的表面构建的凸的多面体来说，$E+F–K=2$ 始终成立。

证明思想

一个图形的结点、平面和线之间的关系为：$K+F–L=1$。人们将结点引申成角，将线描述成边，唯一的不同点会在最后一个章节讲述。现在我有个想法，就是将图形熨平，不额外添加结点和边。

想象一个由橡胶牙签制成的立方体。我们把手从一个正方形的面套进去，将（如左图红色线）边拉伸，产生一个平面图形（左图）。对于这个图形，适用的公式是：$E+F–K=1$。在这种情况下，我们并没有计算面积。因为我们对它进行了抓取变形，在还原成立方体时，面的数量 F 会增加 1，E 和 K 不变，因此这个公式在立方体的公式中则为：$E+F–K=2$。立方体的形状在论证中并没有起到什么作用。只要图形是凸的（宽泛地说：可以充气成凸形），那么在熨平时就不会产生新的结点、面和线，只会减少一个面。

教育学背景

典型的数学方法

为了让学生理解平面上的事物以及观察图形，在课堂上以欧拉多面体公式作为开始，这种方式让人印象深刻。从平面到空间的步骤是一个典型的数学方法：可理解的事物（此处指图形）通常被应用于更复杂的现象（此处为欧拉多面体公式）。

5.10 正四面体和正八面体——空间密铺

"二维立方体"是正方形，同理，我们想要用等边三角形考虑一下"二维四面体"，通过类比它应该是由四个较大的等边三角形以双倍边长构成的。

多一个维度看起来会更高吗？

大家都知道，可以用八个小的立方体组成一个原来两倍边长的大立方体。那么，可以用八个小的正四面体构成一个原来两倍边长的大正四面体吗？

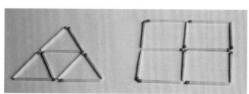

在分发材料之前，我让学生做一个假设，先进行讨论，然后再投票。如果有的学生这时候没有想法，之后就不会有惊讶的感觉。我们先开始估计模型的价值。几乎没有学生能想到解决方案，也没有学生用到纸和笔。

只有亲手进行构造之后，才知道这是行不通的。内部是一个构造好的空腔：一个正八面体。虽然可以用三角形完全没有缝隙地将一个平面铺满，但是对于一个空间来说，显然正四面体无法做到密铺的效果（立方体是唯一可以进行无缝隙空间密铺的正多面体）。

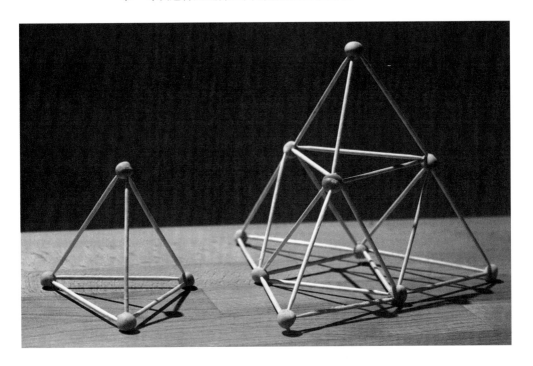

扩展：空间密铺

学生们经过研究后确定，两个正四面体和一个正八面体可以组成一个偏移了的长方体，从而可以进行空间密铺。

空间密铺的其他方案

如果你想要进行空间密铺，只能先用四面体和八面体构成立方体，然后 截半立方体
再进行空间密铺。

如果你能想到有着相同的边长但是由不同规则的多边形的面组成的多面
体的话，就还有其他的解决办法。最著名的例子是游戏骰子，将它的角
磨平。如右上角的图片，四个骰子中间部分就是八面体空腔的一半。把
被打磨过的正方体称作截半立方体。

5.11 体积的比较：正四面体和正八面体

正四面体是我们可以用豌豆和牙签建造的最小的多面体。它可以容纳一定量的空气或者说拥有固定的体积。在边长相同的情况下，我们在正四面体旁边构建一个正八面体，并尝试比较这两个多面体的体积。

问题：想要让正四面体的体积和相同边长的正八面体的体积相同，需要多少个与正四面体同等体积的四面体？

先对答案进行估计

每名学生都尝试着估计，在一个正八面体中可以容纳多少空气？如果有谁已经估算好了，交叉双臂发出信号。随着教师的信号的发出，每名学生都用自己的手指来表示自己的估计值。两根手指代表在正八面体中可以容纳正四面体中空气量的两倍，三根手指代表三倍，等等。

教育学背景
语言和非语言交流

所有学生同时交流

应用在很多的地方

教师口头提出问题，学生通过肢体语言做出非语言回答。如果所有同学同时用语言来回答，课堂就会乱成一团。如果每个学生都回答一次，教师就必须确定学生回答的顺序，而且后面回答的学生会受前面学生答案的影响。

语言提问——非语言回答的原则可以应用在很多情境中：

▶ 用十根手指表示百分比，一根手指表示 10%。

▶ 大拇指向上或者向下可以表示是或者不是，或者旋转的方向。

▶ 手指可以代表简单的数字，用来对简单的心算练习作答。不仅低年
级学生可以用这种方式练习心算。中年级学生也可以用这种方式来
表示（线性）方程的答案。例如，学生可以用两根手指来回答方程
$3x-5=10x-19$ 的解。手指向下来可以表示负数。因此学生甚至还可以
回答课堂上的积分值的相关问题：$\int_0^2 3x^2\,\mathrm{d}x$ 的答案可以用八根手指来
表示。

对于理解的即时性反馈

▶ 手指数可以代表某种阐述：如在线性方程系统中，合起来的拳头（点）
表示没有解，伸直的手指（直线）表示只有一个解，整只手（面）代
表有无限个解。

为其他的学科提供可能性

▶ 手指可以用来得到反馈："请用大拇指表示理解了多少！"学生将大拇
指作为刻度表的指针。指向上方，表示觉得所有的东西都很简单；指
向下方，表示完全不理解；大拇指指向两者的中间位置，表示一知半
解。

另外一个例子是第十节中的角度练习。表达自己的立场的方法使非语言
回答成为可能，这种交流的方式为其他的学科提供了可能性。

两种解决方案

答案令人惊讶：一个正八面体中可以容纳的空气相当于四个正四面体中
容纳的空气。这时如果有谁问为什么，教师就从数学的角度出发进行证
明。以下同时展示了两种证明方法：一种办法比较笨拙——"人行道"；
另一种方法更加的优雅。两种证明方法都在没有复杂计算的前提下触及
了数学的更深层面，所以这两种证明方法可以展示给五年级甚至更低年
级的学生。

我自己曾经遇到过这种情况，我还在上三年级的儿子向我提出了一个问题，由于他的年纪问题，我无法用公式语言进行讲解，只能用这种他可以理解的数学思维去解释。这是我的第一次尝试。

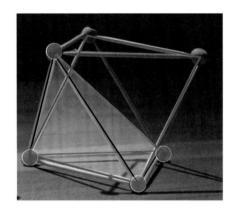

笨拙的方法——"人行道"

如果学生知道结果的话，他们的想法就很明显：他们将会尝试将正八面体拆分成四个相同的部分，每一个部分都与正四面体的体积相同。

由于对称的原因，在左图十分明显地显示了如何划分。应该会产生四个（斜的）棱锥，四个棱锥会有一条边汇合在一起，作为对称轴（红色线）。对称轴的顶端是两颗红色的豌豆，剩下的四颗豌豆围成了一个正方形的赤道（蓝色线）。其一条边和红色的对称轴一起构成了一个（倾斜的）棱锥。为了看得更清楚，它被标注出来突出显示。

由于对称的原因，所有的棱锥形状都相同。但是一个棱锥是否与四面体的体积相同还有待表明，这个证明可以运用所有底面积相同且高也相同的棱锥体完成。这个很容易理解，如果我们将一个棱锥分解成十分薄的薄层，然后将其斜着推，这里可以参照 2.1 偏移的书堆，这也就是卡瓦列里原理（祖暅原理）。

卡瓦列里原理

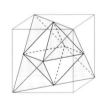

除此之外，还要展示被推偏的棱锥体的高与一个简单的四面体的高相一致。我们在一个八面体其中的四个面上各构造一个正四面体，这样原八面体便嵌在了新产生的大的正四面体中，大四面体的棱长是八面体棱长的两倍。我们知道，由于几何原因，大四面体的高和八面体的高相同。

优雅的方法

如果让立方体的边长翻倍，那么体积就会
增加八倍，因为这个扩大会同时影响三个
空间维度：$2^3=8$。用几何方法很容易明白
（下图）。现在可以考虑用许多小的立方体
构造一个四面体。如果人们将四面体的每
一条边翻倍，那么每一个立方体都会用八

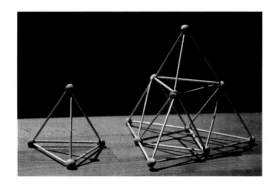

个立方体的组装体来代替。这样的话，四面体的体积就变为原来的八倍。

如果我们现在从每个角都移除一个小的四面体（见第 147 页），将剩下的
八面体部分保留下来，这部分的体积是小四面体体积的四倍。

5.12 由两个部分组成的拼图

将四面体进行一次切割，使其切面为一个等边三角形，这很简单：像切
早餐鸡蛋一样切掉四面体的一个头。最麻烦的是让使其截面形状是正方
形。你是否想过，如何只切一次就可以将四面体分解成两个部分，使截
面形状为一个正方形？

这是一个以事实为主题的问题,不过即使切成的两部分只有一个面相同,也几乎没有人可以一瞬间解决这个问题。

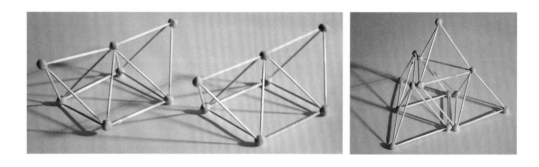

用牙签和豌豆可以很轻松地将拼图部分连接在一起:每个部分都是由一个方形的棱锥和左右两边贴上去的四面体组成。既然我们知道结果,那么操作起来就很简单了:将两个多面体正方形的一面贴在一起。

5.13 探索谢尔宾斯基金字塔

一个小组动态练习：全班同学在数学课上一起建立一个单独一人无法完
成的模型。

小组动态练习

首先，构造一个四面体，在此基础上构造一个双倍边长的四面体，这样，
一个八面体的空腔就产生了。

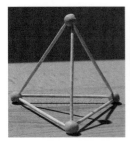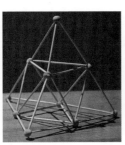

然后，四个这样的棱锥拼在一起成为一个大棱锥，在这个过程中必须要
去掉六颗豌豆。

最后，再用四个大棱椎组装成一个巨大的金字塔。

学生们慢慢地将四个巨大的物体组装在一起，形成一个庞然大物。

体验式教学拓展

分形天线——与时间赛跑

假设我们在船上遇到了海难——船上着火了，可以借助分形天线发送求救信号（分形天线常应用于手机，它使用了许多不同的无线电技术。这些技术都需要单独的天线，但是小型设备中没有足够的空间。谢尔宾斯基三角形经常应用到这个领域——编者注）。

由于火势太大，无线电室（教室）——所有天线最终交织的地方的空气十分糟糕，而且变得很热，没有人可以在这里忍受超过 25 分钟。一旦第一个水手进入无线电室，时间就开始流逝。现在材料就在讲桌上，必须有人将它们分发出去。

该练习包括两个部分：第一步，让学生们计划方法。例如，教师组织学生们在学校操场上开一个班会。思路已经很明确了：构造四个大型金字塔，最后由几个人进行组装。但是尽管如此，共同去制定战略仍然很困难。第二步，就是实际的构造。从第一个人进入无线电室开始，就开始计算时间。

通过图片传递规则

替代方法：如果因为下雨或其他原因导致没有其他的地点可用时，就从第一颗豌豆被触摸时开始计时。当然，这时在规划阶段和施工阶段就不再存在任何空间上的分隔。

关于体验式教学操作的评论

以团队为导向的工作：时间是对手

对于以团队为导向和体验教学的工作来说，这个替代方法是非常典型的。它表示接下来大家开始与时间做斗争。所有人都在同一条船上，大家必须共同努力而不是互相对抗。与时间的斗争促进了学生之间的合作。

精确的任务布置

教师的任务必须布置得非常精确，不需要添加进一步的说明。教师在布置任务时应问一下，大家是否还有不清楚的地方。不管你的任务布置得有多好，学生们总是会提出你预料不到的问题。

设定一个时间，这样的构造才是一个真正的挑战。25分钟是一个平均的经验值。根据自己对班级的了解，你可以自己决定是否需要多给一些时间或者扣除一些时间。

5.14 谢尔宾斯基金字塔

只有在极限值中才会出现谢尔宾斯基海绵或者谢尔宾斯基金字塔。

空间中没有体积的平面

体积逐渐趋向于零

我们想象一个木制的四面体，其与我们的分形天线有相同的高。在第一迭代步骤中，取出八面体形状的空腔，将四个只有一半边长长度的四面体留下，在5.11中，一个八面体的体积刚好是四个相同边长的四面体的体积之和。所以我们切掉了一半的体积。

在第二个迭代步骤中，我们以相同的方式处理了四个小的四面体。由于我们已经为它们又削掉了一半的材料，因此现在只剩下一半的一半。在每个迭代步骤中，主体都会损失其一半的体积，最终以这种方式逐渐趋向于零。

那表面的数量呢？它会归零吗？还是一直朝着无限逼近？在第一个削减过程中产生了四个新的面，但同样它的面积也被削减了很多。原始四面体的每一侧都缺少了四分之一的面积。总而言之，表面积没有在进一步的迭代步骤中发生变化。也就是说，表面积保持恒定，作为极限图形最终在空间中以平面的形式呈现，并且没有体积。这太有魔力了。

表面积保持恒定

维数和自相似

如果一个图形是由它自己缩小的复制品构成，就被称为自相似。例如，人们可以制作一个谢尔宾斯基金字塔的缩小的复制品，并将其边长减半（中心延展因数为 1/2）。原始的金字塔是由四个这样的缩小的复制品组合在一起的。一个分形有 N 个缩小的复制品构成，由此产生了相似维数 D：

相似维数

$$D = \frac{\log(N)}{\log（缩小系数）}$$

对于谢尔宾斯基金字塔则为：

$$D = \frac{\log(4)}{\log\left(\frac{1}{2}\right)} = 2$$

通常情况下，分形的维数不是整数，所以产生了"分形"这个概念。为了更好地理解相似维数的定义，我们首先来做一个缩小的复制品（如缩小系数为 $\frac{1}{3}$），然后将其重新组装起来。

原始	缩小的复制品	由缩小的复制品进行组装	复制品数量 N
───────	──	───────	$3 = 3^1$
			$3 \times 3 = 3^2$
			$3 \times 3 \times 3 = 3^3$

如果手头有足够多的骰子，可以逐步进行尺寸跳跃（3^1，3^2，3^3）。（见左图）

加上单位，可能会更清楚一些：$1\ \mathrm{cm}^1$，$1\ \mathrm{cm}^2$，$1\ \mathrm{cm}^3$。指数表示有不同的方向（维度）。人们必须移动，去构造一条直线、一个正方形、一个立方体（参见5.18）。

使表格或者立方体可视化，则 $3^D = N$。

其中，D 代表维数，N 代表需要的复制品的数量。如果在等式两端使用对数，则结果是：

$$\log(3^D) = \log(N)$$

$$D \cdot \log(3) = \log(N)$$

$$D = \frac{\log(N)}{\log(3)} = -\frac{\log(N)}{\log\left(\frac{1}{3}\right)} = -\frac{\log(N)}{\log\text{（缩小系数）}}$$

正方形的维数也是根据这个定义得出来的。当人们以缩小系数 $\frac{1}{3}$ 来缩小一个正方形，那么就需要 9 个小的复制品，才能再次拼成完整的正方形，具体如下：

$$D = -\frac{\log(9)}{\log\left(\frac{1}{3}\right)} = \frac{\log(9)}{\log(3)} = \log_3(9) = 2$$

当然缩小系数也可以为 $\frac{1}{2}$，这种情况下，算式为：

$$D = -\frac{\log(4)}{\log\left(\frac{1}{2}\right)} = \frac{\log(4)}{\log(2)} = \log_2(4) = 2$$

最重要的是，维数并不取决于中心延展因数，只有这样，它们的定义才有意义。"体积"（此处通常是指 n 维体积）随着维数成指数级增长，维数是一个衡量"体积"随着延展拉伸出现了多大程度的改变的标准。

维数是"体积"改变的标准

对数出现在定义中并不奇怪，因为它是乘方的逆运算。分形维数仅仅是一个用来理解在中小学数学中幂的一个示例。几乎在所有学校学科中都出现过：几何、概率、函数、数字系统的成长和发展等。

谢尔宾斯基三角形的维数

如果观察谢尔宾斯基金字塔的一侧，会得到谢尔宾斯基三角形，实际上这是一个分形，也就是说，它的维数是分数。而想要将其组成一个完整的图形，仅仅需要 3 个缩小的复制品。同时得出来一个介于 1（一条线）和 2（一个面）之间的分数维数：

$$D = -\frac{\log(3)}{\log\left(\frac{1}{2}\right)} = \frac{\log(3)}{\log(2)} = \log_2(3) \approx 1.584962501$$

谢尔宾斯基金字塔的维数

对于谢尔宾斯基金字塔而言，维数刚好为 2。这十分符合它每一个迭代步骤平面都不变的特征。下面是其计算过程：

$$D = -\frac{\log(4)}{\log\left(\frac{1}{2}\right)} = \frac{\log(4)}{\log(2)} = \log_2(4) = 2$$

谢尔宾斯基三角形、帕斯卡三角形及巧合

与帕斯卡三角形的关联：将帕斯卡三角形里的所有的偶数着色，人们就得到了一个谢尔宾斯基三角形。用另一种随意的方式对谢尔宾斯基三角形进行构图：先画一个等边三角形 ABC，并且随意选择一个点 P。然后掷骰子。如果掷出来是 1 或者 2，则构造一个新点 P'，并且刚好在 P 和 A 中间。如果掷出来是 3 或者 4，在 B 和 P 中间构造新点，如果掷出来是 5 或者 6，在 C 点和 P 点中间构造新点。

最终再次掷骰子，并据此进行新的操作。

三维中的中心延展

当人们看到谢尔宾斯基金字塔，并意识到所有不同大小的金字塔像图片中那样互相依靠时，就说明所有金字塔的顶端都在一条直线上了。

由于边缘长度在所有三个空间维度中都增加了一倍，因此体积在每一步中都增加到了原来的八倍。

四面体的数量

在建造谢尔宾斯基金字塔时四面体的数量在每一个迭代步骤中都会增加到三倍。如果迭代步骤数为 n，那么结果会有 4^n 个四面体。这是一个非常明显的指数级增长和幂的运算的示例，并且结果很清楚，$4^0=1$。在 5.13 的例子中，有三个迭代步骤，则结果有 $4^3=64$ 个四面体。

指数级增长和幂的运算

始终为六

每颗豌豆上都正好插着六根牙签（除了顶部豌豆，顶部的豌豆插着四根牙签）。是不是很惊奇？

5.15 分形：无限的美学

从美学的维度来看，数学在一些领域是非常吸引人的。例如，谢尔宾斯基三角形由简单的迭代构成，一直都是将中间的三角形取出。有没有谁想过，通过简单的算法来创建下面的图形?

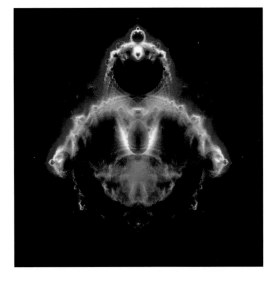

这里显示的图片摘自电影《花椰菜的梦》。这部电影几乎全部由计算机制作，将数学迭代（如曼德尔布洛集合）转化为分形景观。

由于图片中的"无尽"和越来越深的沉浸感，会让你在观看时失去参考点。很多观众无法坚持看下去，因为它没有真正的开始或结束。一方面，图片在美学方面令人印象深刻，另一方面，图像的无穷无尽，永无止境几乎让人无法坚持。以下图像序列证明了分形的高度的自相似性：

失去参考点

在接下来的练习中，数学也展现了其蕴含的美学。这是一次展示自己学校魅力和美好的机会，是对数学专业地进行宣传的一个广告。或许你可以通知别的学校的好友来观看。

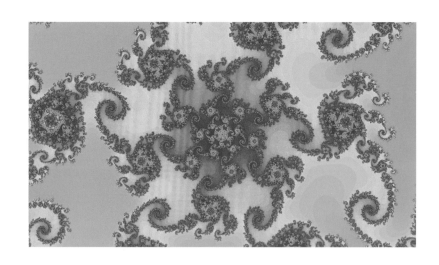

5.16 边界条件下的最小面积

最小面积的实验是美好的数学实验之一。学生用牙签和豌豆制成框架，然后将其浸入肥皂液中。

引入：为什么肥皂泡是球形的？

教师站在全班同学面前，吹出一些肥皂泡，然后提问：为什么肥皂泡是球形的？教师不要说话，要求学生们谁有了自己的观点，就交叉双臂，然后表达自己的猜想。这个阶段的目的主要是让他们理解接下来会发生什么，这样学生们在练习后才会感到神奇。

教师对肥皂泡的简单的陈述可以是这样的：

"每个人都想活得长久一些，但是对我们人类而言，这并不容易：要健康饮食，做运动，少一点压力等。但是对肥皂泡来说，就要容易得多：只要让它的外壳尽可能地厚一些即可。要想外壳更厚一些，只需要通过让其表面积最小化就能实现。换句话说，就是让肥皂泡尽可能地收缩在一起。封闭的空气储备将其包装成了一个最小的球体。这就是为什么肥皂泡和雨滴呈球形的原因！这也是最简单的表面积最小化。如果我们将四面体浸到肥皂液中，会发生什么呢？它要怎么收缩到最小呢？大自然会有更多的方法吗？"

构建结构

首先，准备一个空桶。如果大家不想自己的小建筑物被淹没，不想过一会儿失望，不想之后发现不合适的地方，就必须要先知道，构建的小建筑物结构最大的尺寸。浸入操作最好是在室外，这样教室就不会变得乱糟糟的。教师最好提前和学生们商定一个构造时间，这样就不会有人在教师发出"必须停止"的指令后抱怨了。

最有趣的是简单的物体，如正四面体或骰子。正八面体也显示出其令人着迷的结构。相比之下，正二十面体则由相对无趣的"玻璃化"的20个三角形面构成。如果你对此感到担心，请至少构造一个立方体和一个四面体。

肥皂液的配方

这个练习的配方很简单：在一个 5 升桶里倒入清水，加入大约 200 毫升的洗涤剂，最后加入大约 50 毫升的甘油（去药店购买或者去化工原料店）。要轻轻地搅拌，不能让它有泡沫。

浸入物体

如果没有风，等每名学生构造好自己的小建筑物后，教师就将学生们带到操场上。注意，所有将要被浸入肥皂液中的物体都要放置在距离肥皂液大约 10 米远的地方，否则每名学生都想立即将自己的小建筑物浸入到肥皂液中，可以想见现场有多乱。作为示范者，教师应该慢慢地将自己做的正四面体浸入，但是不要让肥皂液产生泡沫。然后让每名学生都思考，结果会怎么样，谁有答案之后交叉双臂提示。这是一个很有魔力的瞬间，没操作过的人可能会不相信自己的眼睛：

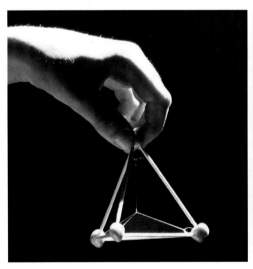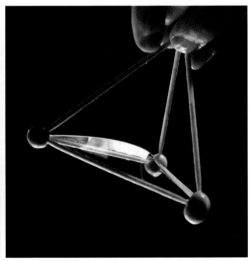

当人们用干燥的手指戳破一个面，就会得到一个新的最小化的解决方案，如上面右图所示（这里涉及局部最小值。"最小"仅表示通过表面的微

这才是数学.III

小变化来扩大表面。之后肥皂泡的表面又缩到最小——编者注）。第二次的浸入会得到一个非常美丽的结果：只将正四面体的一面浸入，就会产生一个小小的封闭的空气室。你可以在下一页看到结果。

如果将一个立方体全部浸入，就会出现左下图的结构。在中间会出现一个正方形的面。第二次将立方体浸入一小块，中间的正方形的面会和地面平行，这样就在立方体中产生了一个"充气的立方体"（在5.19中这个过程作为了四维立方体的插图）。

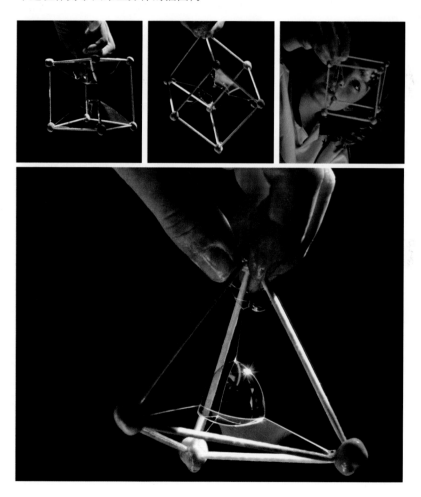

在教师做完示范之后，一名学生带着他的小建筑物出发，将其浸入肥皂液中。当他完成之后，再将物体放回去。这样，大家始终将注意力集中在站在水桶边上的人身上。最好让其他学生环绕肥皂液站成半圆，演示的人站在他们的对面。

评论

最小面积曾被应用于 1972 年建立的慕尼黑奥林匹克体育场：你可以想象一下，整个绳索结构浸在一个装满了肥皂液的大缸中。从 1950 年起，最小面积就在建筑学中应用于轻质承重结构，它使得材料的消耗和质量都降至最低，而平衡的表面张力对整个结构则具有稳定作用。

5.17 四维世界：不流血的手术

四维是很神秘的，因为我们本身生活在一个三维空间里。但是我们可以做一个类比，我们先观察一个二维的动物。

第一个练习

我们从一片纸上剪出一个动物，将它放在一个桌子的表面，即二维世界中。现在我们将这个小动物锁起来：用笔在它的周围构筑围墙。我们的小动物是无法看到围墙的，它只能看到一条线，因为这不是三维空间。

同时它不会口渴，因为它得到了一罐饮料：我们切一个圆，也就是二维的玻璃杯，将其放到这个"监狱"中。小动物会如何看待我们这些举动呢？如果你坐在一个空房间里，突然一罐可乐出现在你的面前，但是门并没有打开，你会怎么说？

不流血的手术

我们在房间中添加某些东西，并可以使其消失，在此过程中，我们可以垂直将其从它所处的现实中移除。假设我们的小动物有肾结石，那么二维医生将不得不切开患者的一维皮肤，去除肾结石，然后缝合。三维医生可以直接将肾结石从二维的皮肤中取出。同样地，一个四维医生可以对三维生物进行不流血的手术。

第二个练习：一次奇特的相遇

像我们看上去的那样，我们怎么展示小动物呢？一个可能性是，我们穿越到它的世界，就像我们浸入水中，穿越水面。我们的小动物会是什么感觉呢？会吓到它吗？想象有个四维的朋友穿越到我们的世界，会怎么样呢？

四维的朋友

先将四维朋友搁置一下，我们先来观察四维空间中最简单的几何形状——超球体：当一个四维的球体穿越到我们的世界时，它看起来是什么样子的？学生应该借助类比推理的方法在小组中自己找到答案。

一个可能的解决方案

二维的小动物

我们将问题深入一个维度。如果一个三维的球体穿越到了二维的世界，那么对于二维的小动物来说，这个球体看起来是什么样子的？

首先小动物会感知到一个点，然后膨胀成一个圆（有着球体的直径），接着又逐渐变小。以此类推，在我们的世界中，在空间中央会出现一个点，然后膨胀成一个球（有着四维球体的直径），然后又变小，并且最终消失。

当我们把自己以这种方式展示给二维小动物，浸入的手就会看起来很奇怪。

感知不到第三维度

首先，小动物会看到几个分开的变得越来越大的圆（每根手指），然后又合拢。同理，我们可以想象一个有着五个四维手指的四维朋友，我们会先看到五个越变越大的、毫无关联的球体。是不是有点毛骨悚然？

我们可以顺着这个方向深思。当我们制造了波浪，我们的二维小动物是无法意识到的，它的世界一直都是平的，因为它不会感知到第三维度。我们可以将它放到地球仪上，并且让它一直走。这时，发生了很神奇的事情，突然回到了原点，就是二维世界在三维中被弯曲成一个球面。以此类推，上升一个维度。如果我们的空间是四维球体的三维表面的话，一只火箭从我们的球形的空间里垂直出发，又会从相反方向回来。

5.18 一个四维立方体的角、边、面

一个四维立方体有多少个角？
课堂上具体的实施

每名学生都应该养成独立思考的习惯。对于这个问题，如果有学生有了想法，就交叉双臂。当所有学生都完成思考后，可以和自己的同桌进行讨论，然后将可能的答案写在黑板上。

学生应该养成独立思考的习惯

现在开始实践：我们通过逐步制作三维的立方体来解决。目的是通过该过程获得有关多维立方体的知识。整个班级被分成几个小组（如四人一组），任命一名学生为材料管理员，他负责管理被教师浸泡过的豌豆和牙签。

我们以一颗豌豆开始：先设置一个点，它是没有维度的。不要挪动它。	
现在我们将这个点向右边推动一个单位（牙签），然后我们得到了一个一维的线段。	
现在我们将新的物体向前方推动一个牙签的长度，即与目前的方向垂直。这样就产生了一个正方形。两个方向形成了一个二维的正方形。	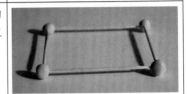
学生还需要一些材料，第三次移动一个牙签的长度，和现有的两个方向都垂直。然后就发现了垂直：正方形被抬高一个牙签的高度，同时构成了一个三维的立方体。	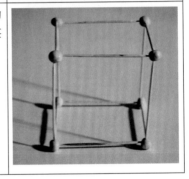

接下来，学生开始按照教师的指示逐步进行操作（请参阅方框中的插图）。当然，该练习目前最多只能建立到三维的立方体，但是如果有学生理解了这个概念，则可以想到更多的维度：我们可以将正方形解释为二维立方体，将线段解释为一维立方体。从这个意义上说，一个四维立方体是什么样子呢？将我们的物体，也就是立方体垂直推向目前为止的三个方向。但是这行不通，至少在我们所给定的三维空间中行不通！

将正方形当作二维立方体

现在的问题是，四维的立方体是什么样的？当然，这个问题没有人能回答：没有人见过四维的立方体。所以我将问题细化了一下：一个四维的立方体应该有多少个角？多少条边？多少个面？它的"外皮"也就是界限是怎样的？这个四维立方体的"体积"是多少？

给学生 15 分钟，以小组为单位完成任务。将所有的立方体都放在眼前，会对完成任务有所帮助。最好是从一个维度跳跃到另一个维度顺序摆放会更好。最终教师负责将学生们的回答都写在黑板上收集起来。

答案建议

想象我们是一个二维世界的小动物。小动物无法想象在它的世界中会有三维立方体，但是它可以从它自己的角度出发考虑三维立方体有多少个角、边和二维边界（面）。我们就像是这个小动物，虽然我们无法想象四维立方体，但是我们可以通过类比找出，一个四维的立方体有多少个角、多少条边和多少个面。

角的数量

每增加一个维度都会使角的数量增加一倍：比如说，当我们将正方形抬高，就产生了 4 个新的角。这个正方形就成了立方体的底面，最上面的面是新构建的，拥有和底面同样数量的角。同理，我们将立方体向某一个空间方向垂直抬高，就会产生和目前立方体相同数量的 8 个角。因此四维立方体有 16 个角。

边的数量

我们将正方形抬高一个边长单位到三维空间中，由一个正方形的底、一个正方形的盖子和一条边围产生了新的多面体。底和盖子有 8 条边。在"抬高"的过程中每个角又产生了一条新的边，所以再加上 4 条边，所以一个立方体共有 12 条边。现在我们将立方体抬高一个边长单位到四维空间中。"底"和"盖子"有 12 条边，在"抬高"的过程中 8 个角会产生 8 条新的边。所以应有 12+12+8=32 条边。

面的数量

在"抬高"的过程中，每一条边都会产生新的面。当我们将一个正方形抬高到三维空间中一个边长单位时，4 条边产生了 4 个面。加上底和盖子共有 6 个面。我们把立方体向四维空间中抬高，相应的 12 条边会产生 12 个面。最后得出有 6+6+12=24 个正方形面。

立方体状的边界数

三维立方体以正方形作为边界，四维立方体以立方体作为边界。如果将一个正方形抬高到三维空间中，就会产生一个立方体。相应地通过对 6 个面构成的立方体抬高到四维空间，会产生 6 个立方体。底和盖子各自组成了一个立方体，所以一个四维立方体拥有 6+1+1=8 个立方体形状的边界。

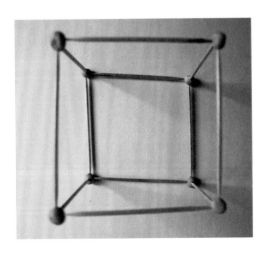

5.19 四维立方体的三维图片

用相机拍摄一个立方体，从图片上可以看到：底面呈现为一个更小的正方形，因为它离照相机更远。立方体的四个正方形的侧面变形为梯形。但是我们还是可以从照片中确认角（豌豆）、边（牙签）和面的数量。这个思考过程可以应用在四维立方体中。将立方体浸入肥皂液中，我们总共可以看到 8 个

"立方体":"外面的"（由八颗豌豆作为界限）立方体最接近四维照相机拍出来的图片。我们想象用肥皂液表皮包裹住这个立方体，因为在实际操作中并没有这个操作。

"里面的"立方体距离四维照相机最远，看起来最小。其他的立方体的末端都是它自己的面，看起来像是扭曲的方形的截棱锥。我们可以数出这个图形中有 8+8=16 个角，12+12+8=32 条边，6+6+12=24 个面及 6+1+1=8 个（三维的）立方体。

评论

我们缺少一个维度去描述四维立方体。你可以通过（中心）投影的想法来"保存"它，这是照相机的把戏。但是即使这样我们也没办法将它想象出来。从来没有看过（三维的）立方体的人，即使通过左图也想象不出来立方体的样子。

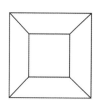

当我们将二维的小动物"抬高"至三维空间中，然后让给照相机自己识

别。但是照相机也仅能识别出一个正方形和四个梯形，因为它不习惯空间的注视拍摄。所以我们操作时加入三维的照相机和肥皂液。

第六节　从空间到面：投影

6.1 投影：信息缺失和空间倒视

建立一个"空间角"。将一张正方形的纸对
折两次，如右图所示从中间剪开。将下方的
两个正方形重叠放置，就产生了一个空间角。
只用一只眼睛观察，我们可以想象到前面对
着脸的角的后方的角。

然而将图片"倾斜"还需要一些练习。如果将真实的立方体上的点对
应地点在每一面上，那么很多学生可以轻松地做到。当大家完全混淆

需要一些练习

"前""后"的时候，就可以慢慢地移动这个角了。这是一种非常奇怪的感觉：这个角似乎在以某种方式一直追逐着你。

阐释

只用一只眼睛无法看到空间的感觉，就像你的搭档在练习时表现出来的一样，我们无法区分前后。

一名学生试图用自己的手指（命名为搜寻手指）去碰触他的搭档的（目标手指）的手指，用两只眼睛看会更容易一些。但是想要去掉空间感观，就要捂住一只眼睛，偶尔才能移开手。注意不要将目标手指（下面的手指）和搜寻手指相互重叠，否则你可以通过重叠就知道，搭档是在目标手指的前面还是后面。所以搜寻手指是从上方垂直伸出去的（如下图）。

由于我们用一只眼睛观察的时候，无法达到完全的空间感的效果，所以对于手工制作的纸质的角有两种观察方式：我们可以将角背对我们（就像第 177 页图片上的小女孩一样），就像是从角的内侧看一样；或者我们可以将角朝向我们，这样我们就可以以这种方式从外侧看到一个立方体。

当我们像图中的小女孩一样手持这个空间角，并且将其"倾斜"。与此同时，我们在观察立方体的角的时候，边并没有像平常我们所想的那样缩短。相反，在旋转的过程中，"错位的"边变长了。这就是为什么我们移动头的时候，总有一种感觉：角在"盯着"我们。

6.2 构造龙

"倒置空间角"的想法可以用艺术的手法来实现。下图中，实际上龙头是被翻折过来的。

你看到的龙好像是用一只眼睛在看东西。这张图片无法给你空间感，因为它从根本上缺少了一个维度，在影印时就丢失了景深的感觉。但是我们可以利用一些小手段，如添加一个时间的维度做成一个"电影胶片"（左下图）来观察。

现在你可以理解"翻折"的含义了。请注意：龙是随着一帧一帧的图片逆时针旋转的。但是前三张图片中的头部看起来像是顺时针旋转。如果你以相反的顺序来观察，就不会产生这种感觉，因为你已然知道龙的几何形状了。你可以借助正弦函数和余弦函数来理解这个现象。你可以看到未被翻折的龙的旋转方向。在这方面，构造和现象本身都很重要。

观察龙

当你用一只眼睛注视龙，你也会感觉它在注视你。现在看向左边，龙似乎也在转动它的头——就像上一部分的空间角一样。你会有一种感觉：它在一直紧紧地盯着你。

要想知道原因，最简单的方法就是，我们用两只眼睛以非空间的形式对所产生的效果进行观察。作为观察者，我们会自动地对看到的熟悉的东西进行解释，但是根本没有想过，龙有可能是被翻折了的。当你知道自己被"欺骗"之后，一定要"学习了解"这个"骗局"。

进行构造

最好将这张印有龙的图案的 A4 纸给每名学生复印两份：一份是用作索引卡片的裁剪，另一张作指引用。不然的话，当龙被裁剪了之后，起到指示作用的内容也就被剪掉了……

首先对龙进行上色，然后用三角板和剪刀裁剪出轮廓。这对学生来说一点都不简单，因为要沿着边撕开，还要将各部分黏合在一起。教师最好提前制作一个龙的模型，这样才能知道在制作过程中可能出现的问题，然后才能对学生提出的问题进行解答。

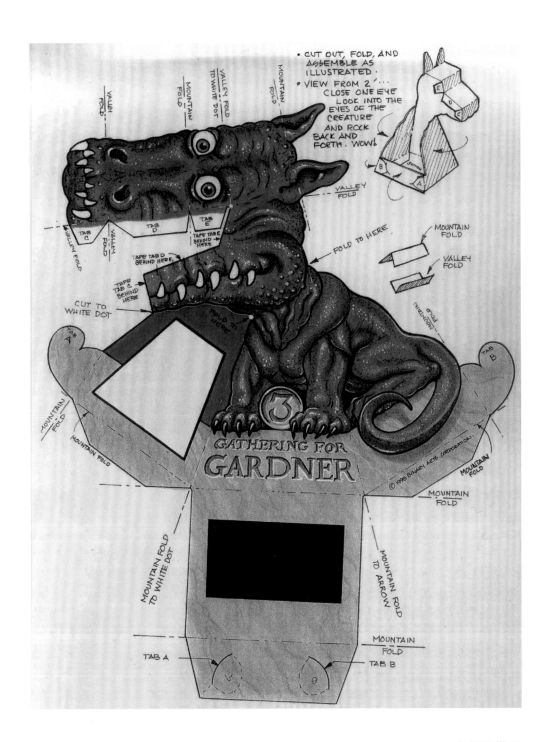

面具内部视图

另一个例子是关于中性面具的内视图。在很多玩具店都可以买到，而且很便宜。

几乎每一位观察者都会把这个面具看成是人的正脸的模样，尽管标题已经提示过，这是关于面具内部视图的内容。我们必须对这样的"骗局"做好心理准备。

一开始，没有人认出这是一张翻转了的面具内部。我们依然用一个"电影胶片"（见下页）来对这个二维的内容进行解读。实际上在这里已经产生了第三维度。这里，面具也同样先顺时针旋转，然后逆时针旋转。如果以相反的顺序（从下到上）查看图像，则旋转方向不会改变，因为你已经事先知道了面具的几何形状。

两种观察到的事实

教育学背景

我们有两种观察的可能性。要么是从外侧观察，要么是从内侧观察。我们能同时感知两者，但即使我们知道两种观察的方法都是有可能的，但是我们的观点依然是有倾向性的。

还有一个有趣的现象：当我们处于一种观察状态时，我们可以肯定，面具一定有一个明确的方向指示，也就是说，"胶片"是顺着某个固定的方向旋转的。而我们在这个过程中所做的，就是将我们看到的变成了我们所认为的事实。如果我们没有体验过另一种观察的可能性，这个事实对于我们来说，就变成了唯一的事实。这时候如果有人提出不同的意见，我们就会认为他说的是错的。

这个示例有力地证明了，某种现象存在不同的事实。每一名学生都在观察的时候建立起了对于该种现象事实属于自己的认知。在观察的时候，很容易就会产生关于图片中的面具"事实上"看起来是什么样子的争议。虽然大家都把注意力集中在面具上，但是用一只眼睛去观察始终缺少景深的感觉，也就是三维的感觉，这样一来，观察者就无法做出客观的判断。从双方各自的视角来看，这两种观点对于他们自己来说都是正确的。所以当双方认定自己所持观点绝对正确的时候，争议往往就这样产生了。

实际上，这个看起来清楚明了的事实只是我们看到的一种现象事实，这个示例可以被应用于预防暴力。显然我们曲解了龙和面具的照片。我们站在了一个客观但是错误的出发点上。有时候错误的"事实真相"只是因为，我们更熟悉它，或者也可能是因为，它看起来更正常、更简单。

在争论的时候，我们应该信任我们的逻辑思维多过我们自身的感觉。因为在投影（强调感觉）的过程中少了一个维度。在这个意义层面上，数学是以矛盾调解员的身份出现的：每个人都只看到了自己的投影结果，所以从中得出了自己的现象事实。

6.3 垂直平行投影（两面投影）

一方面，垂直平行投影可以让我们得到构造
计划中必需的三维物体未失真的平面工程
图；另一方面，对竖直投影和平面投影的观
察可以被应用于正弦曲线和余弦曲线的介
绍。因此，这里仅仅对旋转指针的垂直平行
投影进行观察。

竖直投影

用日光投影仪进行"X光"照射：让一名志愿者直接站在黑板前的椅子
上，然后从尽可能远的地方（无限远）用日光投影仪对学生进行照射。
将投射的图像直接在黑板上绘制出来。把内脏，如心脏等都用虚线勾画。

平面投影

可以在大街上进行投影：小组中的一名学生躺、站或者坐在地板上，用
粉笔将他的阴影勾画出来。接下来让其他小组来对这些投影进行猜测，
找出该图的原始姿势。这种情况下的解决方案并不清楚，因为缺少了一
个维度。在投影中（在平面图中），不能将倒立与普通站立区分开。

摆一个平面图

阅读路线图的学生同时也在操纵数学，即使他自己并没有意识到这一点。
如果用火柴来摆放一个房子的平面投影，学生们就会开始从抽象的角度
进行研究。可以在摆放火柴的时候，就假设自己通过走廊之后又向右或
者向左拐进一个房间里。用火柴来摆平面投影图是对学生们空间想象力
的一个很好的练习。如果你手头上有学校的平面图的话，可以在大家自
行练习之后分发下去。

阅读路线图也是数学

空间想象力

或者可以摆一个路线图，这个路线图可以是到最近的一家面包店的路径图，也可以是回家路径的草图。

第七节 体的计算

7.1 勾股定理以及教室的空间对角线

沿着房间的对角线，从教室里的一个角落到另一个角落拉一根绳子。勾股定理是已知的前提。

材料

四个人一个小组，每个小组都有一个任务：确定房间的对角线的长度，不能直接测量。准备足够长的折尺，或者学生们可以用学习用品（三角板、直尺）进行操作。每一组在约定的时间（如 15 分钟之后）将一个值写在黑板上，然后再用细线丈量。

这里主要是对对角线计算公式进行推导。如果一个小组已经知道了准确的长度，那么他们就可以根据具体的例子推导出这个公式。多数情况下学生们会先计算出教室墙的对角线的长度，然后根据教室墙对角线的长度得出空间对角线的长度。

7.2 一个土豆中的三个棱锥体

棱锥体的体积

棱锥体的体积公式为：$V = \frac{1}{3} G \cdot h$，其中 G 表示底面积，h 表示高。

这个练习很适合作为家庭作业：将一个马铃薯做成的立方体切成三个棱

锥体。这可以用公式作为依据：一个立方体相当于三个棱锥，一个棱锥
刚好是立方体体积的三分之一。以下为解决方案：

立方体的空间对角线对于我们来说很有帮助。下图也许可以帮到你。

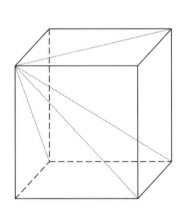 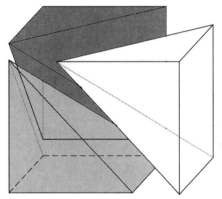

7.3 圆锥体表面积或圆锥体的构造

学生应该自己推导出圆锥体的表面积。作为技术前提，他们需要知道扇
形和圆的公式（参见 4.3）。

自己推导公式

每个小组都可以得到一张颜色不同的 A4 纸和一把剪刀。一卷透明胶带

供所有小组使用。

这个任务听起来似乎有点平淡：在 15 分钟之内构造一个底面半径 r=6 厘米，高 h=7 厘米的圆锥体（表面就够了）。然后将所有圆锥体摆放在一起展示。

进一步的工作任务

每个小组应该尽可能准确地确定圆锥体的表面积，并将它写在圆锥体上。

圆锥母线为 s：

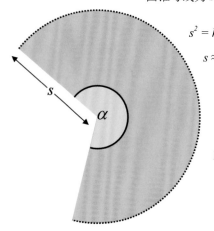

$$s^2 = h^2 + r^2 = 85$$

$$s \approx 9.21$$

首先绘制一个半径为 s =9.21 厘米的圆（如图）。然后计算扇形的角度 α：

以下内容适涉及扇形的（虚线）的弧长 b：

$$b = \frac{\alpha}{360°} \cdot 2\pi s$$

那么角度 α 为：$\alpha = \frac{360° \cdot b}{2\pi s}$.

b 等于圆锥底面积的周长（比较上图中的虚线），因此 $b=2\pi r$。所以可以得出：

$$\alpha = \frac{360° \cdot (2\pi r)}{2\pi s} = \frac{360° \cdot r}{s} \approx 234.5°$$

这样就可以计算圆锥的表面积 O 了。

下一步的工作任务是计算扇形面积 M，然后与底面积 G 相加。

因为在构造圆锥体的时候就已经知道了所有的证明步骤，所以教师的推导并没有遇到特别大的理解方面的困难：

$\alpha = \frac{360° \cdot r}{s}$可以改写成 $\frac{\alpha}{360°} = \frac{r}{s}$。则外表面积 $M = \frac{\alpha}{360°} \cdot s^2 \cdot \pi = \frac{r}{s} \cdot s^2 \cdot \pi$。

$$O = M + G = r \cdot s \cdot \pi + r^2 \pi = \pi \cdot r \cdot (s + r)$$

代入数值（$r=6$ 厘米，$s \approx 9.21$ 厘米），得出 $O \approx 286.56$ 平方厘米。

教学法评论：从具体到一般

这个练习值得一提的是，学生在构造圆锥体的时候就已经预先知道了所有的证明步骤，所以他们对教师的变量推导并没有遇到太多的理解方面的问题。这与平时所用的方法正好相反，在平时的过程中，首先推导出公式，然后解决具体的问题。而这里恰好是先解决具体的问题，然后将得出的公式作为一个扩展。这种学习方法遵循学习心理学要求的顺序：从部分到整体，从具体到一般。

我们的大脑擅长于概括事情。所以德国脑科学家曼弗雷德·斯皮策说：一个小孩只会借助具体的示例来掌握母语中复杂的规则。

预先知道所有的证明步骤

从部分到整体

知道和可以

注意：小孩并不了解语言规则是什么，但是他们还是能构成自己的句子。最好的方法就是通过具体的示例来理解一般规则。

7.4 搭建帐篷

搭建帐篷很容易。教师可以让学生们以一个合适的比例搭建一个帐篷顶的模型（如左图）。

任务：帐篷顶模型的形状为直棱锥，尺寸如下：h=8 米，$G=a \times b$=8 米 × 12 米。按照 1：200 的比例（即图中的 0.5 厘米对应实际的 1 米）搭建一个帐篷顶模型。

毕达哥拉斯定理

同时可以绘制一个棱锥体的网图，需要知道三角形的高以及侧边长 s，还需要一个圆规。毕达哥拉斯定理对于绘制这个网图是有帮助的。

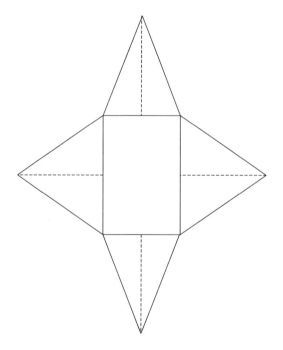

Chapter

3

计算大小

第八节 估计和四舍五入

8.1 估计数量

首先，教师可以在教室里布置示威游行的场景：用小熊软糖代替游行者，
用折尺代替路边石。教师可以趁学生们在门外的时候布置。当学生们不
知道教师在教室里干什么的时候，他们的紧张感会上升。

飞行巡查

教师用一条隔离带（一条绷紧的带子或者一条细线，参照下一页的照片）
将学生们和小熊软糖隔开三米的距离。将全班分成几个小组，每个小组
都有一项任务：尽可能准确地估计小熊软糖的数量。半小时之后，每个
小组统一一个答案。教师最好规定好上交答案的截止时间。

估算的最佳策略

警察（小组成员）可以两次飞过示威队伍的上方，每次最长持续一分钟。如果一一进行清点的话，这个时间显然是不够的。

因此，学生们需要找到估算的最佳策略。通常学生们会对一部分样品进行一个合理的数值推测。可以从图中看到，围观的学生们在进行讨论。

学生们为自己的"飞行巡查"小组进行命名，产生了很多有趣的名字，如"四个小熊糖"或者"斯图加特42"等。当教师发出开始信号之后，各小组最迟60秒后必须回到隔离带后面，否则第二次"飞行"取消。历次的飞行都用红色的点在黑板上进行标记。

互相介绍自己的方法，进行估算

在上图中有几个小组正在记录他们的估计值。这时可以将班级估计值以算术平均数的方式求出：用所有的估计值的总和除以小组的数量。求出的值通常是最近似的值。可以想象一下：全班求出的平均值要比最近似的小组的值还要精确！可以通过这个例子看出成功的小组工作的价值和意义所在。

最后进行计算。精确的工作很重要，否则学生们都不知道自己的估算值有多接近真实值。将 10 个小熊糖组合在一起的方法是很有帮助的。然后将近似值和真实的值进行比较。最后，每个小组对其所用的方法进行简短的介绍。

练习扩展

扩展一：加权平均数

在各小组将他们的估计值写在黑板上后，每个人都进行思考，哪一个小组的值最接近真实值，然后在相应的小组名字下面画横线标注。

将投票的频率计算在内，以小组的估算值乘以下划线的数量，加在一起，然后除以学生总数。

扩展二：绝对误差和相对误差

通过相对误差进行结果的比较

如果学生们已经掌握了百分比的计算，就可以和他们进行绝对误差和相对误差的讨论，只有当学生们有很多的不同的估算值的时候，相对误差才有意义。借助相对误差可以进行不同结果的比较，尽管每次都是建立在真实值的基础之上。用估算值减去真实值，得到的就是绝对误差。这是可以预先估计出来的。用绝对误差比真实值，可以得到一个相对误差：

举例说明：如果一个小组将实际数量为 1000 的小熊糖估计为 1020，那么相对误差为 +2%。如果同一小组在下一个练习中，将真实值为 2000 的小熊软糖估计为 2030，相对误差则为 +1.5%，那么，这一小组在这一情况中做得更好。

8.2 估算面积

在这个练习中，复习了各种面，并对其范围进行了估算。接下来会谈到面积大小。

面积大小

课堂上具体的实施

教师让全班同学纵横交错地穿过教室，尽可能快地放置一个几何体，比如一个正方形（参见 1.2）。这是与时间做斗争：每个小组对于同伴感知得越多，放置得就越快。所有学生站在一个精确的位置上，每名学生都应该估计一下，几何体的面积有多大。谁知道了结果，就交叉双臂。

非语言交流

当所有学生都完成之后，用手指表示结果。例如，用 1 根手指表示 2 平方米。如果一名学生的估计值是 10 平方米，他可以用 5 根手指来通知他的同学。

在教师用折尺测量或者步测之前，学生之间应该相互观察对方是怎么估计的，这可以提高孩子们的注意力。而且无关对错，每个人只是用自己的观点去感知别人。谁估得高了，谁又估得低了？

这个练习非常适合复习几何形状，以及其计算。除了使用正方形，还有很多例子：如矩形、菱形及平行四边形，也可以估计圆和任意角的三角形——同样不知道公式。

教育学背景

为什么要交叉双臂？

不受影响地进行估计

假设其中一组说出他们的估算值，15.5 平方米。那么其他人就不能自由、不受影响地进行估计了。当有一个引导值 15.5 平方米出现之后，其他学生可能不会再有其他的想法了，即使有人想到了 15 平方米，但是他也会觉得 15.5 平方米的精确度更高。交叉双臂可以避免所谓的"锚"（对其他人会有导向作用）的出现，这样对所有人的估计练习都会有所帮助。

锚

非语言交流

这个练习很好地应用了非语言交流。一方面，教师可以一目了然地看到学生们的估计值，更重要的是，学生们可以互相得知对方的估计值。可以想象一下，如果是在语言交流中交换信息的话，场面得有多混乱！

非语言 vs 语言

非语言的方法不仅可以允许许多交流同时进行，而且提高了各小组的注意力，因为每个人总是对别人在想什么感到好奇。这个练习从教育学的维度来说，是学习和感知自己同学的过程。

在这个练习过程中，焦点两次落在小组上面：第一次是在放置图形的时候，第二次是在展示估计值的时候。

8.3 四舍五入

教师让学生们在黑板前进行角色扮演：一名学生坐在讲桌上，背对黑板，然后沉默地将一个数字写在黑板上，如 36.754。全班同学为这个程序设定一个预定值，应该四舍五入到哪一位，十位、百位或千位。这是一个四舍五入的程序。

角色分配和四舍五入

第二名学生将四舍五入的结果直接写到第一名学生的原始数字下方。

8.4 想象大数字——建模

我在电视上听到一个几百万的数字，但是不久之后我就会问自己：之前不是几十亿吗？也许你会认为这两个数很容易区分。当然我也知道一百万和十亿的区别，根据需求我也能给出正确的答案，但是在（学生的）日常生活中，一百万"大约"就像十亿那么多：反正它们都比我现在拥有的多出很多，比我能想象到的多出很多。

超越想象

在 2.4 中有一个将一个面与用比例尺绘制的草图（实际的 1 米对应图中的 1 厘米）进行的比较，可以确定，这个面有草图的 10 000 倍那么大。下面的练习就是引导我们对空间的大小进行想象。现在让学生们想象一下一百万或者十亿的概念，然后让他们根据比例尺构造一个模型。最好是构造一个可以折叠的模型，这样能将这个模型夹在作业本里，方便以后复习。

课堂上具体的实施

学生找一个房间，这个房间一定是学生们除了学校之外经常见到的地方，比如，可以是他自己的房间，也可以是厨房、客厅等。比例尺是给定的：现实中的 1 米对应模型中的 1 厘米。如此一来，模型就是现实房间的一百万分之一。

教育学背景

上文中有一个烦琐的表达："学生找一个房间，这个房间一定是学生们除了学校之外经常见到的地方。比如，可以是他自己的房间，也可以是厨房、客厅等。"这是因为，不是每名学生都有属于自己的房间，而且房间大小也不同。学生可以根据自己的个人情况完成家庭作业。一方面这是值得期待的，因为这样学生们可以更好地了解彼此。

但是对于个别的学生，如果让所有学生都看到他住在一个十分狭小的房间或者有可能他根本没有自己的房间，或许有的学生会猜测他会不会是单亲家庭，这可能会伤害某些学生。所以，作为教师，不要让这样的情况在课堂上发生。让学生们根据自己的情况去选择的时候，就没有这样的比较了，他们只是建造自己喜欢的地方的模型而已。这样他们就不用公开卧室的大小和自己的社会地位，公开的只是自己的喜好！这对于人际交往来说远远要比询问社会地位更有价值，也更重要。

第二个原因是，学生们总是喜欢研究自己喜欢的而且赞赏的事物。在这里，课堂上的数学竟然走到了现实世界中。学生会想：数学走进了我的生活（我最喜欢的房间），我在作业本中描绘了我的世界！这个地方是我最喜欢停留的地方，是对我有着积极影响的地方。

数学变得个性化

一个物体的两个模型

在这个练习变体中，学生建立了两个模型：一个是像上边所描述的比例尺，另一个是模型中的 1 毫米代表自然界中的 1 米。大模型的体积相当于小模型的 1000 倍，现实中的物体相当于小模型的 1 000 000 000 倍。

10 亿倍

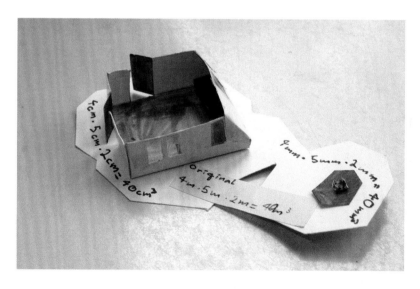

神经细胞数量

大脑由大约 200 亿个神经细胞（神经元）组成。每个神经细胞都与大约 1000~10 000 个其他细胞相连。这是大自然所产生的最强大的网络！

200 亿个神经细胞

双手握紧拳头并在一起：200 亿个神经细胞组成的大脑并没有很大。学生们是怎么理解如此巨大的数字的呢？如果谁有想法，交叉双臂。当所有学生都完成思考之后，每名学生可以在小组中介绍自己的想法。

下面是一个可能的解释：

1 颗沙粒的体积约为 1 立方毫米，相应地，10 亿颗沙粒的体积是 1 立方米，而 200 亿颗沙粒的体积就是 20 立方米。当把 200 亿颗沙粒放在底面积为 8×8 平方米的教室中时，200 亿颗沙粒的高为 $\dfrac{20 \text{ 立方米}}{64 \text{ 平方米}} \approx 31$ 厘米，大致到学生的膝盖那么高。

将我们直接能接触到的或者涉及我们情绪的事物（如难以置信的大脑中神经细胞的数量），与我们熟悉的生活中的事物（如教室和沙粒）进行比较是非常有趣的。

第九节 尺寸大小

9.1 单位的发明

本节练习的目的是掌握单位的本质：为了进行长度的比较而产生的大家 单位的本质
公认的长度（单位）。

任务布置的准备工作

将三根不同长度的线用数字小旗标记（如右图），然后
将其放置在教室里三个不同的角落。

每一根线是固定在某一个位置的。所有的线可以拿在
手里，但是必须要让它们一直待在教室的角落里。

将学生们分成几个小组，任务是：在 5 分钟之内找出哪一根线最长，哪
一根线最短，也可以是两根或者三根线一样长。

课堂上具体的实施

在五年级的课堂上，使用长度为 99 厘米、100 厘米、101 厘米的绳子。首先没收学生的学习用品，这样就能保证学生不能使用直尺或者量角器测量。

由于不能对绳子的长度进行直接的比较，所以学生会发明一个度量单位，用其他的物体间接地比较绳子的长度。

比如，学生们用手一拃一拃的丈量（见上页图），或者将衣服的长度作为比较单位。左图是利用了手腕的周长。

教育学背景

历史遗传的学习过程

学生们以这样的方式方法发现了度量单位，就像数学家们发明了度量单位一样。这种方法大多是学生自己想到的，他们做得更聪明的一点是，他们会公认一个尽可能比较"稳定"的东西。一名学生甚至有这样的想法：找一个不会坏的东西，"某些抽象的东西"。在某种程度上你可能联想到一个物理常数：光速。1 米相当于光在真空中走 1/299 792 458 秒的距离。

观察学生们的讨论你会受到启发。他们已经知道了基本要点，接下来只需要等他们承认自己已经知道了这个事实。可以直接看他们的想法是什么。

难度等级

你可以设置不同难度的练习。如果绳子的长度差异只有 1 毫米，那么这项任务对于高年级学生也很有意思。由于绳子有弹性，所以最好用电线。

9.2 不合逻辑的故事

给学生布置一项家庭作业：写一个故事。这个故事要包括四个不同大小的数字单位，而且要尽可能选择不常见的数字单位。例如，你已经将一本大致 0.0003 吨重的书拿在手上 740 秒了。可以将每个单独的句子串在一起，如果句子之间能产生关联，那就更有趣了。字数长度要超过练习本一页纸的一半。这些荒谬不合逻辑的数字单位会令大家捧腹大笑。

教育学背景

这个练习将愚蠢枯燥的单位进行了转换，将其放在一个艺术的框架当中。这个故事并不只是对练习形式的修饰，还使得单位转换的实际练习更加生动。这个练习比纯粹的刻苦学习，更能在学生的大脑中建立更多的突触连接，同时也将语言与数学连接在了一起。这是一个跨学科的练习，但是不止这些。

这个练习真正的价值在于艺术的美学带来的快乐。学生在此过程中寻找"疯狂的"尺寸表达。他们在做着与普通事物相反的事情，并且以这种方

艺术的框架

将德语与数学连接在一起

艺术成为教师

法学习到合理的度量尺寸是什么样子的。

从教育法的角度来看，这个练习中的极端状况可以教会学生很多。学生的动机就是想要进行幽默感十足的表达。这样一来，艺术就成了学生们的导师。如果大家十分欣赏某位同学的文章，教师可以允许学生们对教室进行一番改造：将桌子当作舞台，日光投影仪可以作为聚光灯使用，大家就像是在剧院中一样，围绕演讲者坐成一个半圆形。直接将多余的桌子推到一边。

注意，不要强迫学生上台。即使有学生想要躲在舞台后面，也没有关系。这就像是一个小小的勇气测试。最好先问一下学生，他们是否愿意重新布置教室。

如果有人不敢上台，可以让其他勇敢的同学来为他朗读；或者他也可以在自己的位置上朗读，而其他学生则闭上双眼静静地倾听。要知道，这只是评价文章的外部形式。

9.3 大小换算：火柴盒中动脑筋

大小的转换可以通过一种很有效率的提问及学习技巧来加深理解：火柴盒中动脑筋。学生们可以借助一个装满火柴的火柴盒互相提问。这个练习体现了教育法及（戏剧）教育学的思想，接下来是练习过程的简要概述。

准备

学生和教师将火柴盒的每一面都贴上白纸（可以作为家庭作业），然后在一面写上题目，在另一面写上答案。学生能够在头脑中做出解答很重要。这里展示的例子是关于单位的转换的。

难度等级用颜色来区分：绿色代表容易，黄色代表较难，红色代表很难。如果火柴盒上的数字有错误也没有关系，学生也可以从错误中学习到很多。必要时可以像其他人（父母、教师）请教或者进行自我检查（必要时可以使用计算器）。

课堂上具体的实施

火柴盒就像是学生的大脑，一开始是空白一片——学生应该先将自己的火柴盒清空，将所有的火柴放到一只手里储存。

考官与被考察者

两名学生组成一组进行提问。一名学生扮演考官，对另一名学生进行提问。如果回答正确，回答问题的学生可以从考官那里得到两根火柴。如果通过提示回答正确，则只能得到一根火柴或者一根都得不到。如果回答错误，被提问者必须从自己的火柴盒里拿出一根火柴（前提是他已经有了一根火柴）。

考官做出决定并给出火柴

重要的一点是，只有考官才能根据回答，决定是给两根火柴，还是一根火柴，甚至干脆不给，以及是否要求从回答者的火柴盒中拿出一根火柴。

结束之后进行角色转换。被提问的人成为考官，考官成为回答问题者。一轮之后，两名学生再各自寻找新的搭档。这个练习持续 15 分钟。

9.4 矩形的面积和教室的新地板

任务

教室的地板大多是用小方砖铺成的。教师提前分给每个小组（四个成员）一个教师剪裁的模板和一把折尺。

学生应该根据自己熟悉的教室地板的具体例子，用现有的材料找出矩形面积的计算公式。

课堂上具体的实施

空间穿行

准备工作：教师在课前应该相应地为每个小组裁剪一个尽可能精确的小方块（可以用裁纸机）。

教师将题目简要地写在黑板上。进行测量和计算之前，每名学生都应该先对必需的数据进行估计。

然后学生站起来安静地穿过房间（在戏剧教育学中，以及在以下内容中被称为"空间穿行"）。保持安静很重要，一方面每名学生都可以尝试做出自己的估计；另一方面，这样可以提高注意力，提升这个练习的价值。谁估计出来了，就回到自己的座位上，在练习本上写："我的估计值是……"当所有学生都回到自己的座位上以后，游戏继续。

> **注　戏剧教育学：空间穿行和团队领导力**
>
> 空间穿行有一个原则，教师可以在领导团队的时候应用它。它主要是关于两种状态之间的差异性（在空间中穿行还是坐在位置上），以及学生用自己的身体语言的独特性的回答。当学生完成估计时，他们会以非语言的形式告知教师。当然学生也可以坐在座位上对必需的值进行估计，但是这样学生可能会没有那么严格地对待这次估计，而且你也不知道，学生什么时候结束。

通过两种不同的状态
进行非语言交流

团队压力

没有观察的任务时就
会不安静

这个方法之中隐含着第二种现象：学生可以想穿行思考多久就穿行思考多久，但是不止于此！当班里的大部分学生都静悄悄地坐下之后，大家就开始关注还在前面移动的人。这样，最后一名学生一定会坐下——来自同学的压力。

对于坐着的学生来说，观察周围发生的事情是很有趣的，即使他们已经完成了任务。大家都在等待着所有人都坐下的那一刻的到来。相反，如果学生们坐在座位上进行估计的话，就不会知道谁在什么时候完成，那么嘈杂的声音就会自动产生，因为已经将自己的估计值写下的学生不需要观察其他人了。

让我们再回到面积计算上来：现在应该尽可能准确地确定所需的正方形的数量。但是即使任务已经说得很清楚，还是要问一下学生们对于布置的题目是否还有什么问题。可能每一个小组都会问相同的问题。例如，学生们想知道是否应该将柜子遮挡的地板面积扣除。

最后，教师要和学生们约定一个时间，在这个时间之内，小组内部统一一个答案，并将其写在正方形纸上，然后交给教师。对于大多数班级来说，25 分钟进行测量、讨论和计算足够了。

学生们的结果可以从下图看到。最后，所有人将一起讨论。那么，问题就来了：房间究竟有多大？全班同学可以一起逐步比较所有测量值从而消除系统性的错误。这种方法可以得到相对正确的结果。

系统性的错误

可以更进一步将其主题化，因为没有人可以精准地确定面积。只要我们手里拿着折尺，就存在测量误差。不是因为我们不够认真，而是数据误差本来就是测量过程的一部分。学生们可以向自己提出一个问题："谁说得对？"对于年轻人来说，找到"正确"的答案并不简单，更不要说去理解了。这个世界上没有人可以找出真正的长度。只能是给定长度范围（标准误差）。

9.5 面积单位的转换：立场站位

让学生自己选择一个房间的地板面积当作家庭作业（如自己的房间），并且用平方分米来表示面积。一名学生给出了他的数据：15.9390 平方米。我让他将单位换算成平方分米，并比较他的房间和教室的大小。但是很显然，从平方米换算到平方分米并不是那么容易。所以我收集了一些答案：

(1) 15.9390 平方米 =159.39 平方分米

(2) 15.9390 平方米 =15939 平方分米

(3) 15.9390 平方米 =1593.9 平方分米

接下来的方法适用于许多任务。"面积单位的换算"仅仅只是一个对于立场站位技术的尽可能多的应用（参照 1.3）。

课堂上具体的实施

教师手里有所有学生的答案，但是先不要加以评论。上面的例子中有三个答案。现在教师让带有不同答案的学生分别去教室的一个角落，然后进行讨论。为了保持秩序，教师只允许手中有"发言棒"的学生说话。

每名学生都可以随时（安静地）更换自己的
位置。通过学生们位置的更改可以看出讨论
的激烈。所有学生统一了意见之后，练习结
束。

扩展

练习持续的时间越长，讨论就越认真。学生
们不仅仅是为了知道正确的答案，也是为了
将信息传递给其他人。有时参与者急于说服
其他人，就会等不及持有"发言棒"的人讲
话。在这种情况下，教师可以暂时收回"发
言棒"几分钟并让大家自由讨论，每个人都
可以和其他同学说话交谈。多数学生会将自
己的草案写在黑板上。当自由讨论结束后，
每名学生都要重新回到刚才的位置上，"发
言棒"再次发挥作用。

9.6 安拉根湖的面积以及数学建模的起点

让学生测量那些没有公式可利用的面积，用图林根州的安拉根湖举例更
容易理解一些，湖泊、草坪、花园、房子的平面图或者是校园，这些都
可以进行测量——出现的问题也都比较相似。

课堂上具体的实施

让学生以平方千米为单位，尽可能精确地确定安拉根湖的面积。每名学
生都要考虑一下，安拉根湖到底有多大，然后在题目下方写出自己的估

计值。教师可以给出建议：使这个平面向矩形靠近。

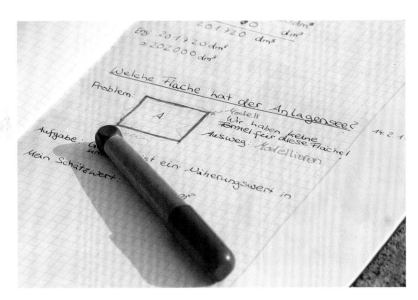

每名学生都要独立思考

课堂上具体的实施需要 30 分钟，然后每个小组将自己的答案写在黑板上。教师一定要在任务开始前就将所有的问题都解释清楚，一旦学生去了室外，就很难接受额外的信息了。

首先每名学生应该独立思考，怎么才能得到一个相对精确的近似值。然后四人一组进行讨论，最终选择一个方法。

每个小组派一个使者去教师那里领取折尺和一只彩色粉笔。用颜色对所有小组进行编码：绿色组、红色组、黄色组、橙色组、蓝色组、棕色组和白色组。

在接下来的 30 分钟之内，教师只需观察自己的学生。通过学生的肢体语言，可以一眼就看到学生的参与情况——在普通的课堂中，所有学生都坐在下面，教师几乎不会注意到谁走神了，谁没有听课。但是在这个练习中可以借助学生的肢体语言很清楚地看到小组内部的互动。

让我们再回到练习中来：当学生们把所有的近似值都写到黑板上后，教师在全体会议上对它们进行评估。当然，没有人知道湖泊的真实大小，因为它一直在随着水位的升高或者降低而改变着。学生们也可以和教师一起来确定一个近似值。到底是 0.015 平方千米还是 0.013 平方千米更精确，这很难确定。但是大家都认为 0.15 平方千米太大了。

借助谷歌地图可以得到一个真实比例的鸟瞰图。然后学生可以直接绘制湖的模型图（矩形）。其中，照片建模真的起到了很大的作用。

谷歌地图

教育学背景和教学法评论

教师在布置任务的时候表达十分简单："以平方千米为单位，尽可能精确地确定安拉根湖的面积。"但是这个练习实际上要困难得多。因此，对于这个练习来说，需要不同的技能。

社交能力

各小组应该先确定他们的方式方法，之后再统一确定一个结果。但是有些小组会失败，因为小组中的某一员想要占上风。这样就会错失许多优秀的想法。因为学生们通常都习惯于在学校独自学习战斗，所以他们会感觉在团队中很难去做决定，去付诸实践。这样一段时间之后，就会出现想要干脆简单地做些什么的学生（盲目行动派），没有人会知道他想做什么，他在做什么。在我的课堂上，就有许多小组去实际测量湖泊的周长，尽管最终任务肯定不是以这种方式被解决的。

团队决策

学生们交换意见并进行讨论，对数学内容进行总结。单个学生的发言时间比以教师为中心的课堂要多出四倍。为了能让课堂教学顺利进行，每名学生必须能够清楚地表达。可以练习简明扼要的表达方式。

计划能力

在 30 分钟内用一把折尺很难测量出湖的长度和宽度。为了能在给定的时间内成功，最好想个办法：可以确定一名小组成员的步长，这样就可以通过步测来确定湖的长度。

数学能力

学生可能会出错。比如说，在确定步长的时候不是测量从脚尖到脚尖的   建模
距离，而是测量从脚尖到脚后跟的距离，两只鞋之间的距离不属于步长。

学生必须自己意识到，什么对于任务重要，什么不重要。"天是蓝色的""水是湿的"这些都是观察到的正确的信息，但是这些信息对于答案根本不重要。关键是要找出必要的解决方案，换句话说：找出抽象的以及模式化的本质所在。

关于内部差异化的评论

对于材料的具体处理体现了内部差异化。每名学生都可以开始完成任务。   能力导向很正常
他们可以根据自己预先掌握的知识、技巧、抽象能力深入解决问题。

在学生们看到这些必须的能力的时候，学生们也许会问，怎么才能做到

所有的一切。很简单，自然形成。当教师非常清楚地引出练习时，能力的培养就自然而然地开始了。这时，教师的任务不再是教育学生，而是作为学习过程中的组织者、观察者及顾问出现。

教育学背景

绿色教室

室内课堂不能转移到户外，这并不是说户外课堂好或者差，而是有其不同之处：在户外没有日光投影仪，没有好的书写的地方，没有长凳，也没有桌子，更没有提高孩子们专注力的焦点。

有的教师尝试将整个教室都搬到户外，用木桌及木质长凳布置所谓的"绿色教室"。但是外边有风、有树、有鸟、有行人，这些都会对学生们的专注力产生反作用，不利于直接教学。

其他的声音

"外部"学习环境

"自由"只适用于自主学习和小组工作。即使在"糟糕的"声音环境中各小组也不会互相干扰，团队也是如此。风、树和鸟并不会分散专注力：因为自主学习中没有一个直接的焦点。学生在户外学习环境中活动，他们会在大脑中对吹过的风和鸣叫的鸟进行积极的加工创造，将这样的体验与自己做的事情联系在一起。

个人情况对于学习很重要。当某件事和我有关，或者与我的日常生活有关，那我就会对它产生兴趣。外国的湖泊有多大和我没有关系，我只关心我周围的事物。在术语里，这叫作学习环境。

个性化的学习环境

大脑不光能储存数学的内容，也能储存低级的活动和天气。这些经历不应该被理解为分散专注力的事物或者大脑必须额外承受的"附加的"东西。具体的积极的行动会让学到的东西深深地扎根于脑海之中，因为知识不是被孤立接收的。具有说服力的一点是：一旦做了什么具体的事情，那么几乎所有的感官都会被涉及。所以不难理解，为什么许多年后学生们还记得这个练习。

用所有感官学习，很有意义

9.7 学校建筑中可以容纳多少立方米的空气？

这个练习包括两个部分：第一部分是让学生确定空气体积的近似值，第二部分是各小组互相介绍其所用到的解决策略。

第一部分

将学生分成几个小组。每个小组中有四个角色：时间管理者（盯着表）、讨论引导者（负责确定发言的顺序）、物资管理者（负责管理折尺和粉笔和做记录，防止数据的丢失）。

每个小组的物资管理者从教师那里为自己的小组拿一支粉笔和一把折尺。这样可以避免混乱，也不会分发重复。教师应该注意，每个小组的粉笔颜色应是不同的，这样才能把写下来的笔迹和小组对应起来。

每个小组应该在约定的时间（一般来说，40分钟很合适）内用自己组特有的彩色粉笔将答案写在黑板上。

第二部分

学生们可以在接下来的一个小时之内互相介绍自己的方法，每个小组拥有两分钟的时间演讲。然后将自己所用的方式方法写下来当作家庭作业，对于这个两分钟的演讲，可以模仿 9.2（不合逻辑的故事）对教室进行改造：将桌子推到后面，让教室变暗。学生们围着舞台（黑板前面的地方）坐两到三排，围成半圆，用日光投影仪照射舞台。

每个小组都站到开始的位置，给教师一个示意，教师打开投影仪进行打光（就像是戏剧开始的标志）。在 1 分 50 秒之后短暂地关掉投影仪，然后再打开——这是给该小组一个提醒，意味着 10 秒钟后灯光就会熄灭。然后大家进行鼓掌。

不要管这个小组是否表演完成。以这种方式演讲时间就能限制在了两分钟之内。当然每个小组都可以提前结束。

接着我朗读了一篇关于尼尔斯·玻尔的文章（见章节最后方框里的内容）。

学生小组的解决方案

开放性的问题使得每个小组都提出了不同的具有独创性的想法。下面介绍几个 5c 班同学的想法。

第一个小组向房屋管理员询问学校建筑的高。也许会有教师认为这种行为是不被接受的。但是，这个小组所用的方法却很明智。对于这种信息收集的方式应该予以表扬，而不是直接判定它为作弊。

房屋管理员

第二个小组测量了楼层高度，然后用楼层的高度乘以楼层数得出结果。

楼层高度

第三个小组用了相同的原理，只不过测量的是台阶高度。

台阶高度

第四个小组只测量了学校的一半，因为他们使用了轴对称。

图中这个男孩在学校的建筑物里找到了建筑图。他所在的小组试图来评估这些信息。

教学法

这个练习存在很多解决方案。学生也许比教师想到的方法还要多。在练习的过程中，教师可以很明显地观察到两件事情：

具体的练习本身存在内部差异化

以材料（这里指教室、折尺）设置的任务本质上存在内部差异（参见9.6）。每个小组都可以对问题进行任意程度的深入。这个练习是为五年级的学生设置的，但是高年级学生也会觉得有挑战性。同样的，工程师也可以尝试一下。这个练习的精妙之处就在于它和具体的事物相联系：你知道得越多，切入问题就越深，也就有机会得到一个更精确的近似值。

具有决定性的一点是，具体的任务具有内部差异性。人们总是在尽其所 学生确定难度等级
能地思考。一旦离开具体的示例，那就只有一种解决方案，就像大部分
课本中的解决方案一样，并且将练习分为简单和困难两种。

具体的练习通常是跨学科的

在科学开始之初，并没有划分单独的学科。这并不奇怪，最终涉及具体 不要进行人工分离
的事物，并且主题领域逐渐变得复杂，人们不得不把它们人工地分开：
自然科学被分为化学、物理学和生物学等。

跨学科思维本来就是一种正常的、普遍的
思维方式。必须要做一些事情以确保教学
是跨学科的，不是内部差异化的，而且沟
通能力和其他能力也不需要另外教授。它
是自然而然存在的，因此在解决问题的过
程中当然要进行沟通！

通过这个练习，教师们足以意识到，以材料设置的练习本质上是存在内部差异性的，通常是跨学科的。而且它对智力、脑力的要求并不会过高。

在哥本哈根大学发生的逸事

在一次物理考试中，有一个这样的题目："请你描述一下，如何用气压计测量一座摩天大楼的高度。"

有一个学生回答道："在气压计的顶端系一条绳子，然后将它从摩天大楼的屋顶降到地面上。绳子的长度加上气压计的长度就是建筑物的高度。"

这个及其直接的十分具有原创性的回答激怒了考官，以至于这个学生被立刻开除了。于是这个学生为了维护他的权利，进行了上诉，他的理由是，他的答案毫无疑问是正确的。然后大学委派了一个裁判来解决这种情况。

裁判判定，这个答案在事实层面上是正确的，但是并没有展示出被感知到的物理知识。为了解决这个问题，裁判决定，让这个学生再回答一次，给他六分钟的时间，口头作答，要用物理的基本原理展现出他对物理的基本了解。

这个学生安静地坐在凳子上陷入了沉思。当法官提醒他时间快要到了的时候，他回答说，他已经有了几个相关的答案，但是还没决定好用哪一个回答。当法官催促他快一点的时候，他回答说：

"首先，您可以将气压计带到摩天大楼的顶部，将其从边缘上扔下去，然后测量它到达地面所需的时间。建筑物的高度可以用公式 $h = \frac{1}{2}gt^2$ 表示。但是这样的话，气压计就会坏掉！

"或者，如果有阳光的话，可以先测量气压计的高度，然后将其升高并测量其阴影的长度。然后再测量摩天大楼阴影的长度，最后使用比例算法来计算摩天大楼的高度，这样一来就简单多了。

"如果您想要科学程度更高一点的表达，可以将一小截绳子系在气压计上，左右摆动，先在地面上进行，然后在摩天大楼的屋顶上再进行一次。其高度对应于重力恢复力的偏差 $T=2\pi^2\frac{1}{g}$。

"或者，如果摩天大楼有外部紧急楼梯，最简单的方法就是顺着那里爬上去。如果您只想要一个无聊而又保守的解决方案，可以使用气压计来测量摩天大楼屋顶和地面上的气压并将两者的差异转换到毫巴，然后计算建筑物的高度。

"但是，我们一直都被要求保持思维的独立性并且应用科学的方法，不然这个问题可以更简单，我可以直接敲开房屋管理者的门，问他：'如果您想要一个漂亮的新气压计的话，我可以给你，但是前提是，你得告诉我这座摩天大楼有多高。'"

这则逸事中的学生就是尼尔斯·玻尔（1885 年 10 月 7 日~1962 年 11 月 18 日）。1913 年，他成功地将量子假设运用到了欧内斯特·卢瑟福的原子模型上，创建了玻尔原子模型。1922 年，他成为第一个获得诺贝尔奖的丹麦物理学家。

9.8 个人尺寸：自己的表面

这个主题特别适合五年级的学生。这个主题主要关于：年轻人想要规划自己的世界。什么是多？什么是少？个人尺寸不会告诉你这个人是谁，但是它也和这个问题有着直接的关系。学生对此是很有动力的，规划自己的世界是一个基本的需求。在这方面数学展示出了它人性化的一面。

规划自己的世界

课堂上具体的实施

关于皮肤和头发的数学：学生们应该确定皮肤的表面积。首先每名学生应该先估计一下，皮肤的表面积有多大。这个任务一方面与个人建立了联系，另一方面学生对于尺寸的设想会由此更加成熟，也避免了一些典型的小错误。但是很显然，4.5 平方米和 123 平方米都是不可能的。

每个小组（大致四个人）可以得到一把折尺和一根细线。然后学生们对一个小组成员的最大器官的表面积进行测量：他的皮肤。对于这个练习，每个人都有大致 25 分钟的时间。教师可以在黑板上写下截止时间。五年级学生的结果都在 1.2~1.5 平方米之间。

材料

教育法

测量自己的身体是一件非常私人化的事情。这项运动的吸引力在于：我不确定任何事物的表面积，但是这事关我自己的皮肤。所以这堂课和我有着直接的关系。而且由于这是一个个人经历，因此可以从中持续地学习：不仅是尺寸的值，还有学习方法。

测量皮肤的面积

当然也可以事先给学生一些提示：人们可以将自己的身体想象成几个圆柱体，然后仿照确定圆柱体的表面积的方法进行计算。但是你也可以相信学生可以做得更好，并且在这种教学模式中，他们总是会有一些我们都想不到的办法。有的学生将绳子当作卷尺，每 10 厘米用一个点标注，这样测量速度会更快，同时也方便测量曲线状的地方的尺寸（例如，肚子、腿、脚的圆周）。其他学生则用到了身体的对称性。

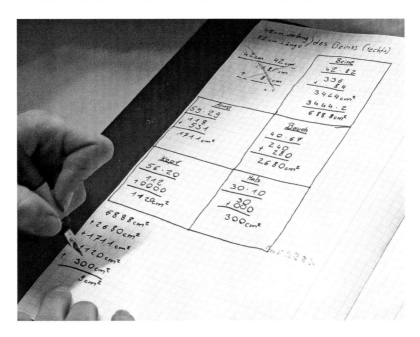

这个例子清楚地表明，学生们总是有很多的创意并且擅长数学建模。当然他们还不会计算球体的表面积（头部），但这也不是必须要计算的。在实践中没有直接的对与错。这只是一次关于尺寸大小的想象，以及学生体验感的数学建模，在此过程中孩子们用自己已有的知识去解决复杂的问题。

学生在这个过程中学到了很多东西。如果你能看到他们在这一个小时学到了些什么的话就太好了。作为教师不必为此担心：除了建模，学生们也学会了计算圆柱体的表面积（也许他们自己都没意识到）。他们一起讨论、做决定和寻找答案，他们将矩形的面积计算应用到新的问题上，而且为了对自己的答案进行评估和方便比较大小，他们都将平方厘米转换成了平方米。有一个小组的答案与别的小组明显不同，这是因为，这个小组运用了对称性原理，但是最后忘记将胳膊和腿的数据乘以 2。你可以想象一下：要把一个结果和其他小组的结果进行对比，然后由学生自己发现系统性的问题。这是一种令人印象深刻的从错误中学习的方式。

9.9 长度、面积和体积：一棵树的测量

现在需要确定一棵树的高度、所有叶子的表面积以及树干的体积。当然，世界上没有人知道这些答案。但是，这个练习不需要一个精确的答案，只需要看一看学生的估计策略。

课堂上的具体实施

将任务写在教室的黑板上——尽可能精确地确定教学楼前的那棵树的三个值：

（1）所有叶子的表面积是多少。或者更准确地说，所有叶子可以覆盖多大的区域（无间隙且无重叠）。

（2）这棵树树干的体积是多少。

（3）这棵树有多高。

学生们有 45 分钟的时间来解决问题，可

以使用折尺和绳索来作为辅助。

对于该任务，教师如果还有什么问题或者限制，应该提前将其说清楚。例如，我不允许学生爬树，因为担心会发生事故。教师可以对学生的行为提出限制，不让他们碰到树，也不允许他们进入树所处的草坪。只要这些规定是提前声明的，学生就会把它当作"游戏规则"接受。如果在游戏开始之后再突然宣布一个额外的规则，就会引起骚动。所以任务规则的透明度和清晰度是很重要的。

然后让学生们组成几个小组。四人一组比较好：一个人负责答案的提交时间（时间管理者），一个人负责确保团队中的每个人都有发言权（对话负责人），一个人负责尺子和绳子（物资管理者），最后一个人准备好纸笔负责记录测量的数据（记录员）。

同样，用不同颜色的粉笔对小组进行颜色编码。每一个小组的物资管理者都为自己的小组拿一支粉笔、一把折尺和一根绳子。然后各小组离开教室，去外面找一棵合适的树。

这时候教师的角色由任务布置者转换成顾问和观察者。在接下来的 45 分钟之内课堂将会自主运行，但前提是，这个班级已经习惯了以小组的方式进行学习。

评估与讨论

在将答案都写在黑板上之后，学生们应该考虑一下，哪一个任务最简单。认为（1）任务最简单的话，伸出一根手指；如果认为（2）任务最简单的话，用两根手指表示；认为（3）任务最简单的话，伸出三根手指。

教学法简评

这就像通常所做的那样，用非语言的表达形式来回答语言提问（通过手指数来进行表示）。这是对所有学生进行同时提问的非常聪明的一种做法，但是更重要的是问题本身，让学生自己去确定问题的难度。在这个过程中，学生的角色由问题的解答者转换成了任务的评估者，他们以成年人的角度来看待这个任务。

实际上五年级的学生已经可以像成年人一样去斟酌这个任务了。这是一种新的（家庭）任务形式，有的以这种形式出现："通读数学书中第125页的第四、第五、第六题，然后从中挑选出一个最难的题目，并说明理由。"为了突出角色的转换（从题目解答者到任务评估者），学生不应先进行计算，而是对自己的选择进行说明。这种对自己的任务进行深度思考的方式非常适合小组工作。

小组工作

大家都同意（3）是最简单的，而且在这一题上大家的答案也都比较相近。所以先开始讨论树的高度。然后各小组向大家介绍一下自己所用的解决策略。这样使用到的技术要比答案重要得多。

学生解决方案示例

由于教室里没有树，所以让一个同学来代替树。小组中的一个人走远一点，用他的手来衡量，当手的一拃可以完全覆盖"树"的时候，就可以停下来了。

一拃的姿势如如图所示，将其倾斜90°。这样一来，垂直的高度就变成了水平的长度。尽管测量比较粗略，但是结果只要保持在4%的精度之内即可。如果大家已经明白了测量技术的话，就可以分成小组进行实践了。一个人充当树，一个人用手去衡量，第三个人在地板上做出相应的标记。最后再将"倾斜测量"的结果与直接测量的值进行比较。

想要确定树叶的总面积，需要知道树叶的数量。这是一个令人难以想象的庞大的数字，它是 10 000、100 000 还是 1 000 000？在 8.4 中，大家通过按比例构建的模型来想象 100 亿和 10 亿的概念。但是学生们对叶子数量根本没有概念，这个数字之大使大家无法想象。

对大数字没有感觉

9.10 一棵树的确切高度

要精确地得出树的高度。也许有的小组已经自己找到了这里要介绍的技术的基本原则（参照 9.9）。如果还没有，则由教师在黑板上讲解这种方法。

在这个练习中可以将高度的测量回归到地板上的长度测量。如下页图，手持三角板。要注意，在测量过程中，将标尺当作垂线使用。当（像图片中所示）抓着最上面的时候，三角板的自重可以忽略不计。这样标尺就只会受重力的影响了，但是不能触及地面。

当人们沿着三角板最长的边瞄准树的顶端，那么树的高度（从眼睛的高度开始测量）与到树的距离对应在一个三角形内，必须要将视线高度算在内。

有伤到眼睛的危险

注意：以下两种测量方法都有伤到眼睛的危险。请教师提醒自己的学生注意安全。

第一种测量

教师先在黑板上对这种方法进行讲解。当所有学生都认为自己理解了之后，每个小组派出一名学生（物资管理者）去教师那里领取一支粉笔和一把尺子。每个小组有 20 分钟的时间求出值并将其写在黑板上（时间管理者负责这件事）。教师将统计结果时间写在黑板上。

最后问题又来了："哪一个结果是正确的？"当然，世界上没有人知道真正的答案。树的高度始终都在变化，即使用最先进的手段也无法得到精确的值。

改进的测量

用吸管和胶带可以对测量进行一个巨大的改进。如右图，将吸管粘到三角板的最长的一边上。它可以越过指向树的那一个角并且长出来。

还是像之前一样测定方位，只不过这一次使用了新构造的目标管。将新的结果和之前的结果一起写在黑板上。显然第二次测量要比第一次好得多，因为这一次的测量值没有那么分散。

9.11 偶然性和系统性错误

现在我们可以进一步讨论偶然性和系统性错误。在上一节的测量中存在系统性错误，接下来要对此进行重点讨论，在这个练习中产生的典型的系统性错误如下：

将尺子挨着地了，所以这样一来，尺子作为垂线失去了它的作用。

忘记用胶带完好的固定三角板。

忘记了视线高度。

只测量了到树皮的距离，而不是到树干中心的距离。

系统性错误最难控制，因为如果人们能意识到它的话，就会避免它的出现！避免此类错误的最佳方法是互相介绍自己的测量技巧。这时就体现出小组和团队工作的意义所在。一个人行动存在很明显的劣势。

偶然性错误的处理

偶然性（所谓的统计误差）错误可以用数学方法来解决。在课堂上将两次测量的结果在数轴上以图形的方式表示出来（1 厘米对应 1 米），旧的测量结果用蓝色，新的测量数据用红色标注出来。最终算出中间值。

教育学背景

这项练习的关键在于，应用数学永远不可能是精确的。不过，什么是好的测量，什么是不好的测量，还是很容易看出来的。这是学生首次体验到不同的测量误差、标准偏差、平均值、离散数据及其宽度的重要性。

处理具体事物意味着许多事物同时发挥作用。所以即使有些内容课堂上没有处理过，但是，如平行线分线段成比例定理和十进制数这些内容还是很明显地出现了。

第十节 测量角度

10.1 角度

一个完整的圆的角
可以是 100°吗?

所有学生都像祈祷一样,将双手手掌贴在一起。

我们自己顺时针转一圈为 360°。360°是一个奇怪的数字。为什么一个圆的角度不是 100°或者 400°?直角为什么不是 100°而是 90°呢?

选择 360°是因为它的划分。360°有好多种划分方法,并且划分结果不需要用分数和小数来表示:360°的一半是 180°,三分之一是 120°,四分之一是 90°,五分之一是 72°,六分之一是 60°等。而且所有的角度值都可以再除以 2。

我们现在还是先回到练习上:

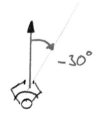

下一个任务是:旋转 −360°。和学生约定好,向左转(逆时针)是正数,那么相应的向右转(顺时针)为负数。

以这种方式对角度的概念进行定义之后,开始实际练习:开始时所有学生用自己的手掌对着教室窗户的一面。教师或者一名学生给出一个旋转值:−40°。在一个指令之后(教师进行拍手或者将灯打开)所有学生向右旋转 40°(顺时针)。全班同学收到指令后,安静而又同步地旋转一定的角度,这真的很有用。但只要有一个学生笑了,就没有效果了。

在练习的第二部分,所有学生都闭上眼睛。这样一来,每名学生都在自已专心地进行练习。如果教师之前已经在黑板上写下了一个"典型的"
角度，那么这个方法很有帮助。

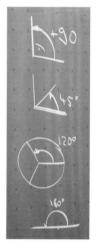

再次让学生们像开始时一样，手掌面向窗户。教师给出大致四个需要学
生去实践的旋转角度。然后让学生们睁开眼睛。如果没有人犯错的话，
所有学生的方向应该是一样的。这需要练习。

第一次操作很成功，因为教师将角度写在了黑板上（参照右下角的图片）。
通过这种方式学生可以在之后的时间里查看自己的答案，然后逐步理解
并搞清楚可能存在的方向误差。在几次操作之后可以给出一些"弯曲的"
角，比如说 −91°、177°、123°、−29.5° 等。角度大小大致对应于上
一个练习。这项任务更加艰难，因为学生必须要把每一个数据与比较熟
知的角度数据进行比较。例如，想要得到 177°，就要和 180° 进行比较。
现在，可以通过角度大小的"四舍五入和估计"来进行扩展练习。

教育学背景

这个练习涉及个体提问。每个人都应该用肢体语言进行回答。在 10.4 中

有一个非常相似的方法，当时学生们也并没有用语言，而是用他们的量角器进行了回答。要注意，这两种情况中多次提到一种交流方式：用语言提出问题（教师），所有学生以非语言的形式同时进行回答。所有人都被提问，但是没有人被叫到单独作答。

10.2 使用角度去寻宝

从一个定义明确的起始点顺着一个起始方向出发，学生可以借助角度以及长度的顺序找到一个（藏宝）地点。交通流量少的地区会对练习更有帮助，如城市中心的步行街。

课堂上具体的实施
在示例中，定义明确的起点位于学校前方。地板上的箭头用来指示方向。

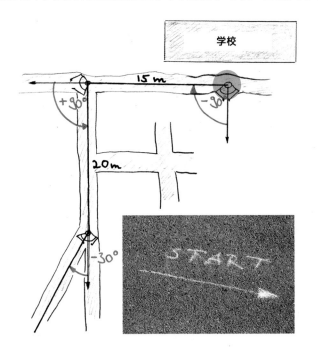

除了量角器，寻宝者的手中只有图表中灰色背景处的数据。

寻宝者的方向数据	指令的含义
–90°	顺时针方向旋转 90°
15 米	顺着鼻尖所指方向前进 15 米
+90°	逆时针方向旋转 90°
20 米	顺着鼻尖所指方向前进 20 米
–30°	顺时针方向旋转 30°
……	……

实施的方案

方案一：教师来决定道路

借助城市地图和一个量角器可以很快地勾勒出可以行进的路线。如果教师已经将城市地图复印在了一张卡片上，同时也有解决方案的话，可以展示给学生。目的地可以是一个烧烤店或者教师的家。教师可以用这种方式邀请学生来自己家做客。

借助图形以及城市地图可以很好地组织这次活动。学生会立刻融入地图，并体验角度旋转。

方案二：学生确定路线

如果不使用教师的方案，可以将全班同学分成几个小组，每个小组为其他小组思考路线。方向数据可以填在灰色的一栏里，交给另外一组。

角色转换

但是这种方法要比第一种方法花费的时间更长。学生在这个过程中进行了角色的转换：一个角色是任务创建者，另一个角色是任务破解者。作为任务创建者，各小组需要自己构建一个任务。为了根据角度和距离的数据将路线标注出来，每个小组需要 30 分钟的时间。学生们可以在终点处留下一个宝藏，或者用粉笔将自己小组的标志画下来。

30 分钟之后，所有小组必须重新回到教室里相互交流自己的路线。教师再给学生 30 分钟的时间，去各自寻找自己的目的地。

教育学背景

行动指向型任务的多方面

这个练习在此处被描述为行动指向型的练习，有利于对角度的理解，同时这也是一次对长度的估计。最终每个小组都应该归于同一条道路上。在每一个路口，以及公共路段上都应该问一下自己：什么时候应该折返，才能保证准时回到教室中？所以这个练习中不仅涉及数学的内容，还涉及小组动态及组织方面的内容——沟通和时间管理。

这种同时隐含了小组动态及组织方面的任务不仅不会对学生的学习行为

造成负面影响。相反，在情境中，学生们的大脑运作更有效率。

当把小组动态以及组织相关的知识从学习对象身上剥离下来之后，学习
对象就"只"剩下了数学内容。通常来说，"只"剩下的数学内容（这里
指对于角的学习）会更难学。在寻宝时，对于角的学习还暗含了一层意
思：只有知道角的知识，才能画出或者找到正确的道路。大脑意识到了
这一点，并且相应地对任务进行了评估。

情境式学习

第二个视角：这个练习本质上是建构主义的。如前所述，学生首先要自
己起草一个计划，他们是任务的设计师。同时他们也为另外一个小组开
发了一项任务。在练习的第二部分中，他们投入新角色当中成为考察对
象。就角色交替而言，这是一个不同寻常的过程。任务不是由教师决定
的，而是自己的同学。考官和考察对象的责任就是找到宝藏或者小组标
志。而教师在这里又扮演了一个新的角色，他不授课，但是创造了一个
可以在其中学到知识及应用知识的空间。简而言之：他组织了一次学习
过程，形式是创设合适的学习环境。

建构主义的练习

不同寻常的角色扮演

学习环境

方案三

与其让学生走路来寻找方向，不如在桌子上设计一幅抽象的城市地图，
这样既可以节省时间，又可以改变练习方式。

方案四

不需要所有学生都去路上行走，可以用一些虚拟的人或物（如摩比玩具）
代替学生走在校园里。这些方案都可以，并且不被天气所干扰。在接下
来的章节将对这些内容进行介绍。

代替自己的动画模型

10.3 用笔构成的模型道路

数学课上每一名学生都带了一个动画形象，这个动画形象最好能站着，还要有一张脸，以便确认视线方向。让这个动画形象站在桌子中央，朝前看着墙壁。

教师用某种颜色的粉笔在黑板上写一个角度，如 +90°。学生们将桌子上所有的动画形象向左旋转 90°。用绿色的笔将路线标注出来。用量角器进行测量，然后再换一个颜色的粉笔写一个角：−135°，之后再写一个 +10°。图片中的小男孩已经布置好了路线。

学生可以一步一步，一个角度一个角度地操作。在学生还不熟悉角度测量的时候，这样做是很有帮助的。将笔放在投影平面上，在投影仪上共同比较每一步。角的测量相对来说比较好说明，学生们主要不清楚怎么放置量角器。

或者教师可以用不同颜色的粉笔在黑板上写下 4~5 个角度值。最好不要让"道路"在某一时间从桌子上掉下去，也就是说，笔要放在桌面上。还有一个小建议：想要旋转 180° 是很难操作的，因为这种情况下，笔会叠在一起。同样，160°～200° 的所有角度都很难操作。最好提前确定好笔的顺序。

教育学背景

与上一个练习一样，这个练习是对角的大小的理解和估计，精确度是次要的。笔旋转了多少度都没有关系——学生们根本就不会直接看到笔的位置。首先，这是关于对某一个主题的理解。动态角度概念的想法（用一个指针扫过某一个角度）通过代表自身的动画模型进行了实践。其次，才是关于精确性的层面。

从教学法的角度来看，有趣的是看学生如何用笔解决问题。所有学生都可能会给出答案，并且不犯错误，但这是一种可以让教师第一眼看上去就知道结果正确与否的方法，教师还可以在几米开外的地方通过目视进

行检查！这是语言形式和非语言形式的沟通。这些内容会在下一节中讲到。

10.4 用量角器绘制角度：语言和非语言交流

这一节本质上是关于交流的内容。角度练习的例子可以进行进一步替换，它并不具有独创性。真正具有独创性的是量角器在其中承担的作用。

量角器的角色

课堂上具体的实施

每名学生在他的作业本中以量角器的长度画一条垂直线段。在中间做一个小小的标记，这个点始终是量角器的原点。教师在黑板上以同样的方式画一条线段。

现在指定一个角度，如 −85°。首先，每名学生将他的量角器放在其绘制的线段上，让量角器的原点和标记重合。量角器的长边和画好的线段呈一条直线。然后让量角器像指针一样向右旋转85°。

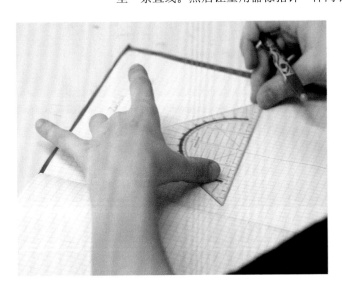

在进行交流时，提问技术很重要，教师用语言的形式布置一个任务："摆放你们的量角器，使其成为 −85° 的角。"学生用自己量角器的位置来进行非语言的回答。试想一下，如果所有人都想要说出答案，教室里就会非常吵。一旦某一名学生说了什么，其他学生就不想再去实践这个任务了，他们只会按照说出来的思路进行操作了。

语言形式的提问，非
语言形式的回答

这是一个令人惊叹的事情：教师提出一个问题，能同时从每名学生那里
得到不同的答案。

教师在摆好几个角度之后，让学生们继续进行角的绘制。例如，教师给
出 $\alpha = +85°$，请一名学生来设置。他拿到一个量角器，然后到黑板前，
稍微等待一会儿，直到他的同学将量角器摆放好之后，在黑板上展示出
自己的答案。如果教学用量角器的位置摆放正确的话，同学们就为他鼓
掌。布置任务的人将角画出来，然后将量角器交给另一名也想布置任务
的同学。这个练习会自主运转，量角器就像是"发言棒"，它在协调着任
务布置的顺序，观众的掌声在调整练习的节奏，并顺带着表达了同学们
对任务创建者的欣赏。

没有学生被单独提问

量角器作为
"发言棒"

掌声

致
谢
———
thank

经常会有人问我，这么多关于课堂形式的想法都是从哪里得来的。实话说，我是在和学生的相处中得来的。"数学奇遇记"来自真实的经历，这些想法大多都是我在教室里允许的一些第一眼看上去很奇怪，甚至于有些荒谬的行为。大多数情况下，我也不知道具体实施起来会是什么样子，或者说会呈现出什么。

首先，我要感谢很多很多来自默辛根的 Quenstedt 文理中学和图林根州的 Uhland 文理中学的学生们。他们参与了这本书的创作。而推动我开始写这本书的那个瞬间正是我在 Quenstedt 文理中学教授 10c 班时看到的"展现旗帜"活动。

特别感谢我以前的高中毕业班及他们的"花朵"，我曾根据颜色分组，每组一株植物。我从皮特·舒勒那里学到了很多，非常高兴我曾经教过他。

在 Uhland 文理中学授课的两年时光对我起到了指导性的作用，这两年几乎塑造了我践行的戏剧和体验教育学。

我担任的八年级和九年级班主任的工作也教会了我许多。

同样与众位教师的切磋也让我收获良多，不管是各位教师在我课堂上的提问，抑或是对我的想法的实践。马库斯·容克和沃夫冈·索格尔给我带来的启迪，以及我的学生在弗莱堡大学的课程"将代数和分析作为冒险"，以及"将几何和概率当作冒险"中具有批判性的严谨提问，对此我都十分感谢。

一本书不应仅仅是思想理论，还需要美学和语言上的雕琢。我十分有幸，和他人进行合作，产生了数学即是冒险的思想。设计和书籍创作都没有技术性，但是都很有趣。

我请 GesineBechtloff 编辑这三本书，非常感谢她为我提供的宝贵结构和语言提示，对于某些形式和表达方式已经进行了构造性的改变。伯纳德·伯坎让这本书的排版更加恢宏大气。最后，我想感谢与布里吉特·阿贝尔和加布里埃拉·霍尔兹曼在出版方面的愉快合作。

马丁·克莱默

参考文献

BAUER,Joachim:Schmerzgrenze.VomUrsprungalltäglicherundglobalerGewalt.KarlBlessing Verlag,München,3.Auflage2011

BAUER,Joachim:Warumichfühle,wasdufühlst.HeyneVerlag,München,14.Auflage2009

BAUER,Joachim:PrinzipMenschlichkeit.HeyneVerlag,München,5.Auflage2008

BERGHAUS,Margot:Luhmannleichtgemacht.BöhlauVerlag,KölnWeimarWien,3.Auflage2011

BEUTELSPACHER,Albrecht:„InMathewarichimmerschlecht…".Vieweg+Teubner,Wiesbaden,5.Auflage2009

BROOK,Peter:DerleereRaum.AlexanderVerlagBerlin,8.Auflage2004

BURGER,Dionys:SilvestergesprächeeinesSechsecks.AulisVerlagDeubner,Köln,9.Auflage2006

DÖRNER,Dietrich:DieLogikdesMisslingens.RowohltTaschenbuchVerlag,ReinbekbeiHamburg,13. Auflage2000

ELSCHENBROICH,Donata:Weltwunder.VerlagAntjeKunstmann,München2005

ENZENSBERGER,Hans/BERNER,Rotraut:DerZahlenteufel.dtv1999

FOERSTER,Heinzvon:WissenundGewissen.SuhrkampVerlagFrankfurtamMain,9.Auflage2015

GRELL,Jochen:TechnikendesLehrerverhaltens.BeltzVerlag,WeinheimundBasel,15.Auflage(Nachdruck)2001

KLIPPERT,Heinz:Kommunikationstraining.BeltzVerlag,WeinheimundBasel,11.Auflage2006

KLIPPERT,Heinz:TeamentwicklungimKlassenraum.BeltzVerlag,WeinheimundBasel,6. Auflage2002

KRAMER,Martin:SchuleistTheater.SchneiderVerlagHohengehren,EsslingenamNeckar2008

LUHMANN,Niklas:SozialeSysteme.GrundrißeinerallgemeinenTheorie.SuhrkampVerlag FrankfurtamMain,2012(1987)

PEITGEN,Heinz-Otto/JÜRGENS,Hartmut/SAUPE,Dietmar:BausteinedesChaos–Fraktale. Klett-Cotta/Springer-Verlag,Stuttgart,1992,Nachdruck2012

PETERSSEN,WilhelmH.:KleinesMethoden-Lexikon.OldenbourgSchulbuchverlag,München, 3.Auflage2009

PRIOR,Manfred:MiniMax-Interventionen.Carl-AuerVerlag,Heidelberg,12.Auflage2015

SCHLEY,Winfried:TeamkooperationundTeamentwicklunginderSchule.In:Altrichter,H./ Schley,W./Schratz,M.(Hrsg.):HandbuchzurSchulentwicklung.StudienVerlagInnsbruck/ Wien1998

SCHULZVONTHUN,Friedemann:Miteinanderreden.Bd.3:Das„InnereTeam"undsituationsgerechteKommunikation.RowohltTaschenbuchVerlag,ReinbekbeiHamburg,19.Auflage2010

SIMON,FritzB.:EinführunginSystemtheorieundKonstruktivismus.Carl-AuerVerlag,Heidelberg,7.Auflage2015

SINGH,Simon:FermatsletzterSatz.DieabenteuerlicheGeschichteeinesmathematischenRätsels.dtvVerlag,München,18.Auflage2015

SpektrumderWissenschaftDossier:MathematischeUnterhaltungen,02/2002;MathematischeUnterhaltungenII,02/2003;MathematischeUnterhaltungenIII,02/2004.SpektrumverlagHeidelberg —

SPITZER,Manfred:GeistimNetz.ModellefürLernen,DenkenundHandeln.SpektrumAkademischerVerlag,Heidelberg,6.Auflage2008

SPITZER,Manfred:Lernen.GehirnforschunganddieSchuledesLebens.SpektrumAkademischerVerlag,Heidelberg,8.Auflage2009

SPITZER,Manfred:MedizinfürdieBildung.EinWegausderKrise.SpektrumAkademischerVerlag,Heidelberg2010

WELLHÖFER,PeterR.:GruppendynamikundsozialesLernen.UVK/Lucius,München,4.Auflage2012